ソニー×ホンダ

革新を背負う者たち

古川慶一　田辺静 著
NIKKEI Mobility 編

日本経済新聞出版

はじめに

日本経済新聞の記者として私がホンダの取材を担当していた2022年4月からの1年半。ホンダの三部敏宏社長から、度々同じ言葉を聞いた。

「このままでは日本がダメになる」――

三部氏が強烈に意識するのが、米テスラや中国の比亜迪（BYD）など、電気自動車（EV）やソフトウエア重視の自動車で急速に成長してきた新興勢だ。ホンダを含む日本の自動車メーカーは、絶え間ない燃費改善や「擦り合わせ」などに代表されるモノづくり力でコツコツと現在の地位を築いてきた。これに対し、新興勢はしがらみになり得るレガシー（過去の遺産）が少なく、柔軟な発想でスピード感を持って新たな革新を生み出している。

急速に成長する新興勢を前に三部氏の危機感は募る。「このままでは（EV）専業に勝てない」。従来のエンジン車のビジネスモデルからなかなか抜け出せない自動車産業の停滞感と、日本経済が置かれた状況を重ねて見ているようだった。

当時の私は、その強い危機感に直接触れながらも、どこか実感を持てないでいた。ただ、ある取材を機に、三部氏の言葉の真意を理解することになる。

23年4月。上海国際自動車ショーの取材で中国上海市を訪れた私は、東京ドーム8個分ともいわれる巨大な会場の中で立ち尽くしていた。整然と並ぶ展示車の多くは、EVやプラグインハイブリッド車（PHV）。クルマの中をのぞくと、ダッシュボードに大きなディスプレーが設置され、画面にはスマートフォンのようにアプリが並ぶ。ディスプレーの上では、乗客の動作や音声に反応する小型のロボットがくるくると動く。見ていてワクワクする。走らなくても、操作しながら楽しいと思うクルマを見たのは初めてかもしれない。日本の自動車メーカーを精力的に取材し、中国メーカーについても知見を蓄えてきたつもりだった。だが実際に上海ショーを体験した私は、驚愕し、圧倒されてしまった。それは自分だけではなかった。来場した日本の大手自動車メーカー幹部も「マーケットの変化が想定よりも早く、出遅れ感は否めない」とため息をついていた。

半年後、中国広東省の広州支局に赴任した私は、中国の自動車業界の取材を始めた。意思決定のスピードが速い経営者のもとで、新たな機能やサービスの開発が進み、猛烈な勢いで成長を続ける。その代表格が、EVやPHVなどの「新エネルギー車（NEV）」で世界最大手のBYD。トップである王伝福董事長は24年6月に登壇したイベントで次のように語った。

「市場経済の核心は競争にあり、全ての企業家はこの競争を受け入れ、参加しなければならない」

BYDは月に1度のペースで新型車を投入したり、既存車種をモデル刷新したりする。中国市場のNEV需要を急速に取り込むだけでなく、欧州や東南アジア、南米、アフリカなど海外市場も開拓している。EVだけの販売台数では23年10～12月に初めてテスラを抜き世界首位になるなど、激しい競争を繰り広げる。24年通年の乗用車販売台数でスズキや日産自動車を抜き、ホンダに迫る勢いだ。

異業種による自動車市場への参入も目立つ。スマホや通信機器を取り扱う華為技術（ファーウェイ）は自動車企業と組んで、NEVに特化したブランドを複数展開する。

スマホ大手の小米（シャオミ）も24年3月にEV市場に参入。創業者で、最高経営責任者（CEO）の雷軍氏は「今後10～15年以内に世界トップ5の自動車会社になるのが目標」と豪語する。

日本に比べて歴史の短い中国の自動車業界では、BYDのように現在も創業者がトップを務めているケースも多い。人生を懸けて企業を興した経営者が発するメッセージには強烈なエネルギーがこもり、消費者の購入意欲に火を付けている。

中国の自動車業界を取材して変化のスピードや技術の進化に驚くと同時に、不安が募る。

日本企業は、これからの自動車業界でどのように戦っていくのか。あっと驚くようなクルマを提供できるのか――。ホンダの三部氏が語り続けていた危機感が、私の中でようやく腹落ちした。

自動車は日本経済をけん引する一丁目一番地の産業だ。22年の全産業の売上高（1813兆円）のうち製造業はその4分の1を占め、中でも自動車を含む輸送用機械器具製造業の割合は最も大きい。トヨタ自動車を筆頭に、日産自動車など計8社の大手乗用車メーカーが存在する、世界でも有数の自動車王国だ。

中国勢やテスラのような新興勢力が開発をリードする今、日本の自動車産業は大きな分岐点を迎えている。

いかにして世界の競合と戦っていくのか。この疑問に、全力で答えを出そうとしている企業がある。ソニーグループとホンダの共同出資会社、ソニー・ホンダモビリティだ。始まりは22年3月。ソニーとホンダが戦略提携で基本合意し、ＥＶの開発と販売を担う新会社の設立を発表した。

ホンダ担当だった私にとって、両社の協業の行方を追うのは重大なテーマだった。当時の取材メモを見返してみると、「新会社の人事はどのようになるのか？」「新会社にはそれぞれ何割出資するのか？」「どんなＥＶをつくるのか？」など、新聞記事の見出しになるようなネタをあぶり出そうと必死になっていた。

だが、私には本当に知りたいことがあった。「ソニーとホンダという組み合わせは、どのようにして生まれたのか？」「どちらが持ちかけて、どのような交渉があったのか?」。こうしつこく聞いて回った。本田宗一郎と井深大という創業者同士の友好関係は有名だが、両社が共にするビジネスはなかった。では、誰がこの協業を仕掛けたのか。そして、両社の取り組みが、企業組織や働く個人にどのような影響を与え、何を生み出しているのか。

この物語の始まりにこそ、日本の自動車業界や製造業、さらには日本経済の課題が隠れているのではないか。そしてその課題を打破したいと考えたからこそ、2社が手を組むことになったのだろう。私はそう思った。

ソニーとホンダの協業は、EVや自動車という枠組みを超える。自動車業界やソフトウエア業界、電機業界など、従来あった業界という境界線がなくなりつつある今、異業種が組むことで起こる化学反応は、今後の日本企業にとっても試金石となる。

とはいえ、企業という器ができただけでは、何も変わらない。そこにどのような人が集い、どのような過程を経て、目標を達成していくかを知りたいと思った。

ソニー・ホンダの会長兼CEOとなったホンダ出身の水野泰秀氏は「我々が目指す

ビジネスには手本がないし、正解を見いだすのも非常に難しい。悩みながら進んでいる」と本音を吐露する。言葉の端々からは、新しい挑戦に対する苦しい思いが伝わってくる。一方で、水野氏の目はいつもキラキラとしていて、力強く、エネルギーに満ちあふれていた。その言葉を聞いていると、「この会社は、どんなクルマをつくるのだろうか」と期待をしてしまうのだった。

水野氏だけではない。ソニー・ホンダに集った最初の社員約200人は全員、両社からの出向だった。安定した業務、通い慣れた場所を捨て、新しい挑戦に懸けた人々だ。ソニーからの出向者には、ロボットやカメラといった車とは関係ない製品を開発していた人もいたし、ホンダからの出向者にはEVとは関わりの少なかったエンジンのエンジニアもいた。それぞれが自分の意志で、ソニー・ホンダで新しい価値をつくることを選択した。

ソニー・ホンダがつくるのはクルマだけではない。そこに携わる人それぞれを、新たに創るのだ。

日本の自動車大手の中で、四輪事業の最後発となったのは1963年に四輪市場に進出したホンダだ。ソニー・ホンダを同じモビリティの会社と位置づけるのであれば、大企業のタッグによって、四輪車の事業を手掛ける会社がおよそ60年ぶりに誕生したことになる。

私たちは幸運なことに、この新しいモビリティ会社が生まれ、歩き始め、転びながら、少しずつ成長する姿を見ることができる60年に1度のタイミングに居合わせた。ソニー・ホンダのEVは本書が刊行される時点ではまだ発売されておらず、その結果がどうなるかは誰も分からない。だが、その結果も含め、この新しいモビリティ会社の行方を見守る目撃者となる。

本書は、当時ソニー担当記者だった古川慶一氏との共著となる。日経グループの専門メディア、NIKKEI Mobility（日経モビリティ）で23年3月に始めた連載企画「AFEELAができるまで」のコンテンツを中心に、ソニーとホンダの提携を巡る動きを追加取材し、大幅に加筆した。ソニー・ホンダに関連する数十人の関係者と向き合い、その肉声や思いを記録してきたものだ。登場する方々の所属や肩書、クルマの情報は取材時点のものとし、本編での敬称は省略させていただいた。

取材・執筆の際には、ソニー・ホンダの関係者らがいつ、どこで、どのような心境でいたのかを明確にしようと意識した。この本を手に取られた読者の方々に、ここに登場するのが架空の人物ではなく、今まさにこの時間を共に生きている人物だということを伝えたかったからだ。

ソニーとホンダの掛け算の現場を取材しながら、自分が勇気をもらったことが幾度となくあった。本書を手に取った皆さんにも、そのエネルギーが伝わり、自身の情熱に変わる瞬間があればいいな、と願っている。

田辺 静

Contents

Contents

Prologue

本田宗一郎邸での極秘会談

2021年11月のある日のこと。ホンダ社長の三部敏宏は、ソニーグループ会長兼社長最高経営責任者（CEO）の吉田憲一郎と、とある「家」のダイニングルームで向き合っていた。

そこは東京・西落合の閑静な住宅街。手入れが行き届いた木張りの扉と白い石壁で囲われた豪邸は、ホンダ創業者の本田宗一郎が妻のさちと生前に暮らしていた屋敷だ。

三部と吉田が顔を合わせたのは、この日が初めてだった。社長になるまでは、技術者として作業着を着て「まさか自分がスーツを着る日が来るなんて」と笑う三部と、主に管理部門を歩み、「堅実で真面目」と言われる吉田。ソニーとホンダという業種だけではなく、性格や経歴もあまりにも異なる2人がいざ向かい合うと、一種の気まずさがあった。三部はしきりに吉田に酒を勧めた。互いの緊張を緩め、話をしやすい空気をつくった上で、「本題」を持ちかけた。

「いまの日本には異業種連携の取り組みが必要だと思います。2社が組めば『ウィン

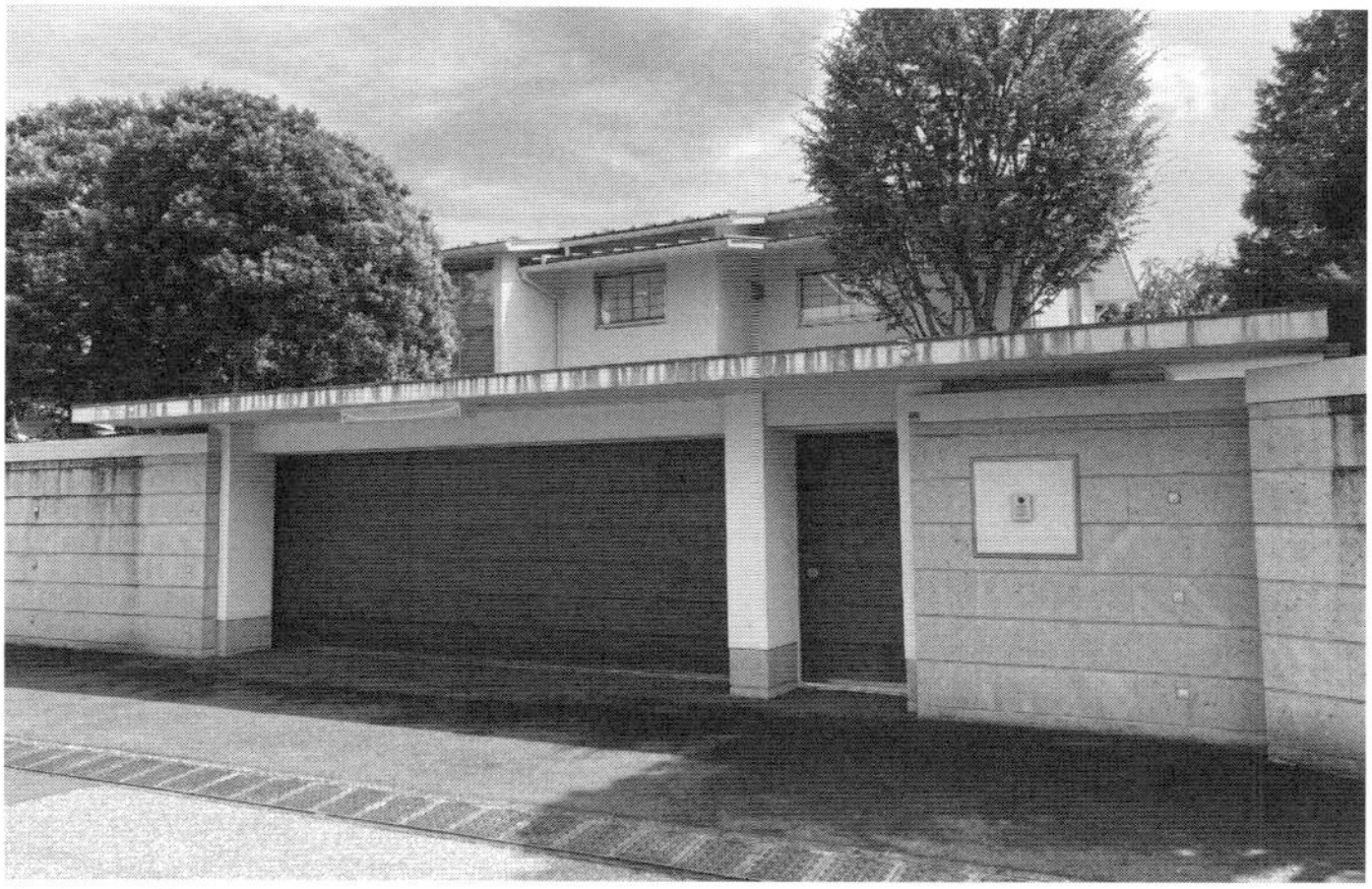
東京・西落合の本田宗一郎邸。2021年11月にホンダの三部がソニーの吉田を招いて極秘会談を開き、ソニー・ホンダが動き出した

ウィン』の関係になれます」

吉田は宗一郎邸への招待を受けたときから、三部の狙いに想像はついていた。ホンダと組むよう口説く三部。吉田は笑顔で応じながら、言質はとらせず話し合いを続けることに同意した。

本田宗一郎とソニー創業者の井深大。ホンダとソニーという、戦後日本を代表する独創的な企業を生み、グローバル企業へと育ててきた2人の接点が、今も宗一郎邸に残っている。

2階の部屋の壁に設置されたソニー製のテレビだ。宗一郎の生前のもので、こ

井深大（右）は本田宗一郎を「おあにいさん」と呼び、慕っていた（写真＝ソニーグループ）

のテレビには最初はリモコンがなく、チャンネルを変えるには本体についたスイッチのつまみを回す必要があった。だが、宗一郎は寝転んだままチャンネルを変え、テレビを見たがった。そんな宗一郎のために、井深はこのテレビ専用のリモコンをつくったという逸話がある。井深は、宗一郎のことを「おあにいさん」と呼び、慕っていた。

創業者同士の仲が良かったのは周知の事実だ。ただ、井深は自著『わが友 本田宗一郎』（ごま書房）の中で、40年にわたる宗一郎との関係について「仕事のことで直接相談したり、いっしょに仕事をしたということは（中略）ありませんでした」と振り返り、相手の会社や仕事については口を出さない暗黙の了解があったことを明かしている。

宗一郎邸に吉田を招いた三部の頭の中に、ここでなら協業の話がまとめられるという計算がなかったわけではない。創業者の2人がかたくなに守った禁を破ってでも協業という果実を得る。三部を突き動かしたのは強烈なまでの危機感だ。

「失われた30年」。日本の停滞を象徴するこの言葉は、市井の人ですら自嘲気味に使うほど、末端にまで染み渡っている。このままでは日本がダメになる――。三部の危機感は、企業の枠を超えた大きさへと膨らんでいた。

ウォークマンとF1
世界をけん引する存在に

吉田と三部が社会人になったのは、その失われた30年が始まる少し前のこと。吉田が新卒でソニーに入社したのが83年、三部が同じくホンダに入ったのが87年だ。

日経平均株価の推移

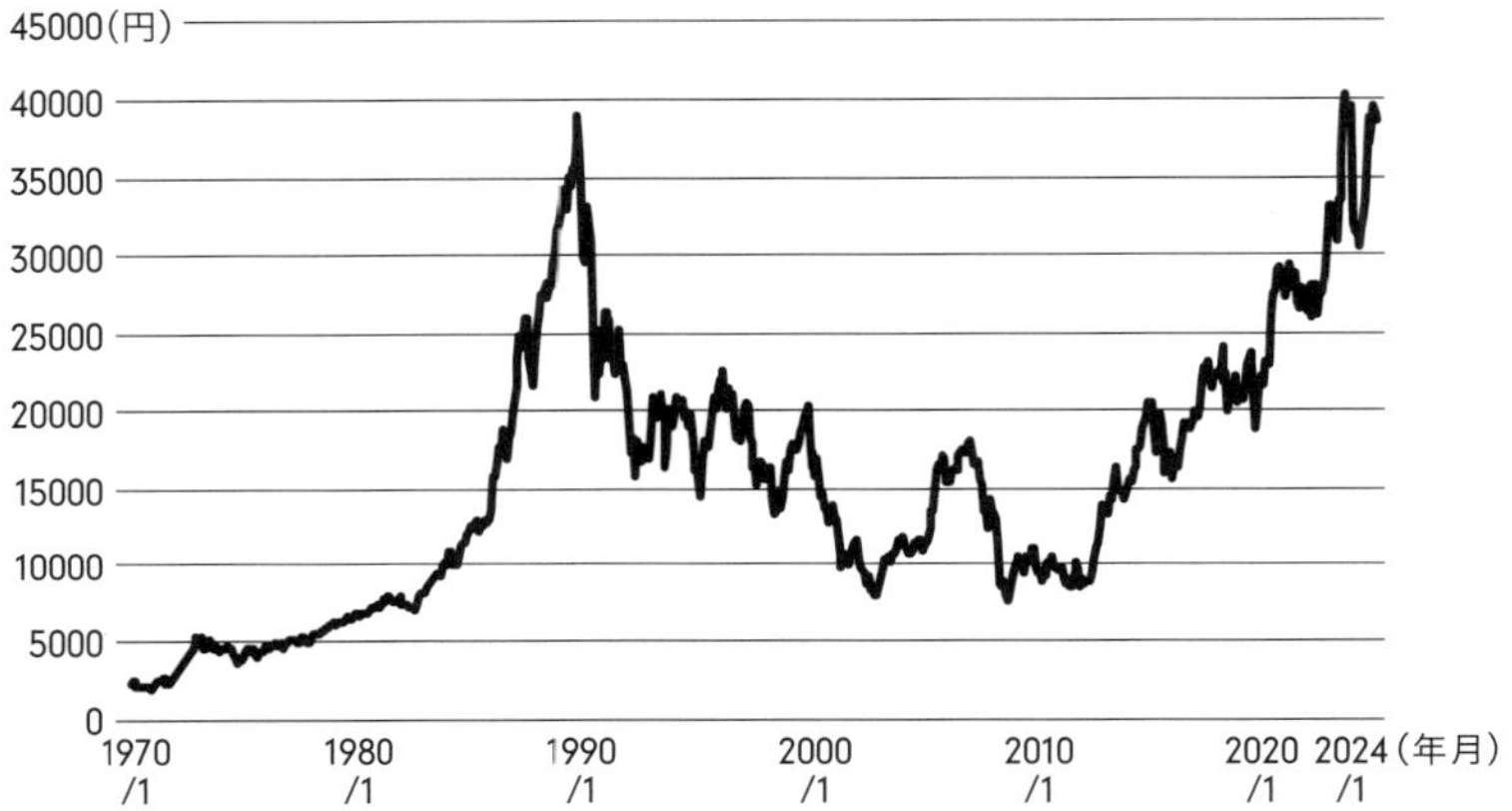

注：月次の終値から作成

当時の日本経済には勢いがあった。79年、ソニーは持ち運びができるステレオカセットプレーヤー「ウォークマン」を発売。82年にホンダは日本の自動車会社で初めて乗用車の米国生産を開始した。ソニーも同年に世界初のCDプレーヤーを発売すれば、88年にホンダは自動車レースの最高峰「フォーミュラ・ワン（F1）」で年間16戦中15勝を果たして日本でF1ブームを引き起こした。89年にはソニーが米コロンビア・ピクチャーズ（現ソニー・ピクチャーズエンタテインメント）を買収するなど、両社は世界をけん引する存在に上り詰めていた。

時価総額トップ10比較

	1989年12月31日		2024年6月28日	
順位	企業名	時価総額	企業名	時価総額
1	NTT（日本）	1639億ドル	マイクロソフト（米国）	3兆3218億ドル
2	日本興業銀行（日本）	716億ドル	アップル（米国）	3兆2296億ドル
3	住友銀行（日本）	696億ドル	エヌビディア（米国）	3兆390億ドル
4	富士銀行（日本）	671億ドル	アルファベット（米国）	2兆2581億ドル
5	第一勧業銀行（日本）	666億ドル	アマゾン（米国）	2兆110億ドル
6	IBM（米国）	647億ドル	サウジアラムコ（サウジアラビア）	1兆7868億ドル
7	三菱銀行（日本）	593億ドル	メタ（米国）	1兆2789億ドル
8	エクソン（米国）	549億ドル	バークシャー・ハザウェイ（米国）	8785億ドル
9	東京電力（日本）	545億ドル	イーライリリー・アンド・カンパニー（米国）	8604億ドル
10	ロイヤル・ダッチ・シェル（英国）	544億ドル	台湾積体電路製造（TSMC、台湾）	7722億ドル

出所：1989年はみずほ証券、2024年はQUICK・ファクトセット

ソニーとホンダだけではない。バブル崩壊前の89年12月29日、日経平均株価は当時の最高値の3万8915円を付けた。世界の時価総額上位10位は日本企業が7社を占めるなど、まさに「ジャパン・アズ・ナンバーワン」の時代だった。

日経平均株価が最高値を更新するにはそれから30年以上の年月が必要になる。2024年2月22日に最高値を更新し、翌月には4万円を突破。だが、世界の時価総額

上位に日本企業の名前は見当たらない。

代わって上位を占めるのはアップルや、グーグルの親会社のアルファベット、アマゾン・ドット・コムなどの米国のテック企業だ。先進的なハードウエアや使い勝手のよいソフトウエア・サービス、それを支えるクラウドなどのシステム基盤を相次いで打ち出し、急成長した。彼らによってディスラプト（破壊）されたビジネスや企業は枚挙にいとまがない。

自動車の世界も、彼ら「テックジャイアント」の照準から逃れられなかった。21年当時、アルファベットは自動運転開発子会社のウェイモで自動運転の試験走行距離を着々と伸ばしていた。アマゾンは自動運転技術を手がけるスタートアップ、ズークスを買収していた。アップルも独自の電気自動車（ＥＶ）「アップルカー」の開発プロジェクトが公然の秘密となっていた。

そしてテスラだ。03年に米国で創業した同社は、ＣＥＯのイーロン・マスクが06年に作成した「マスタープラン」のもと、ＥＶをスポーツカーから高級車、そして最も廉価な「モデル３」へと広げ、急成長していた。20年7月に時価総額で業界トップだったトヨタ自動車を上回った。

「できるだけ多くのEVやソーラーパネルを販売することで、化石燃料を衰退に追い込む」「人間が運転するより10倍安全な自動運転を一日も早く実現する」といったマスクのビジョンにファンが熱狂。販売は一気に拡大した。マスク自身が工場への泊まり込みも辞さないハードワークで「量産地獄」を乗り越え、一介のスタートアップから、年産100万台以上の生産規模を誇る自他共に認める有力自動車メーカーになっていた。

ディーラーを介さない直接販売や無線通信で車の購入後に機能をアップデートする「オーバー・ジ・エア（OTA）」、「ギガプレス」などの生産手法の革新で、旧来の自動車メーカーの常識を覆してきた。テスラが実現したイノベーションによって、OTAや生産革新などは自動車業界が取り組むべき共通のテーマとなった。

地殻変動は日本の隣国でも起こっている。中国では携帯電話の電池メーカーだった比亜迪（BYD）が電池の内製で価格競争力の高いEVやプラグインハイブリッド車

テスラCEOのイーロン・マスクは世界の自動車業界に地殻変動を起こした（写真＝共同通信）

（ＰＨＶ）の販売を伸ばす。上海蔚来汽車（ＮＩＯ）などＩＴ企業出身者による新興自動車企業がいくつも誕生し、独自の進化を遂げている。

「俺が変えてやる」脱エンジン宣言

ハードウエアのものづくりを得意としてきた日本の自動車産業は、気づけば追われる側から追いかける側へと立場が変わっていた。こうした時代に三部はホンダの９代目社長に就任していた。吉田と本田宗一郎邸で面会する半年ほど前のことだった。

「失われた30年？　嘆いているなら動けよ。俺が変えてやる」。このころ三部は周囲にこう話していたという。その象徴が「脱エンジン宣言」だ。

21年4月の就任会見。三部は「ホンダは40年までに、全ての新車をEVか燃料電池車（FCV）にする」と宣言した。これは、ホンダの心臓ともいえる、エンジンを搭載した車を将来的には販売しないという脱エンジンを意味した。二輪車や発電機向けを含めば、世界で最もエンジンを生産しているホンダの決断は世界に衝撃を与えた。

日本の自動車企業は、エンジンの性能や燃費の良さ、品質の高さを売りに、世界中で販売を拡大してきた。こうしたなかで脱エンジンを宣言したのは日本でホンダが初めてだった。そして24年9月時点で、どの日本の自動車メーカーも脱エンジンを宣言していない。

その三部とて自社だけで「失われた30年」を変えられるとは思っていないだろう。これまでの自動車メーカーとは異なる競合が出現する中で、ホンダには異業種との協業の可能性を探る動きがあった。三部はホンダ社長に就任する以前、19年4月から本田技術研究所の社長を務めている。実はその時代から異業種協業のプロジェクトに関わっていたのだ。

20年1月、ソニーは米ラスベガスで開かれたテクノロジー見本市「CES」に、EVの試作車「VISION-S」を初めて出展した。三部は、もちろんソニーの動きを把握していた。

異業種との連携を模索していたホンダは、三部が社長になったことで一気にアクセルを踏む。「『つながる車』が成長するなら、通信会社かな、とか」（三部）。候補に挙がった複数の企業との協業の可能性について検討を重ねた。その候補リストの中に、ソニーもあった。

宗一郎邸で三部と酒を交わしていたソニーの吉田の感情は、前のめりの三部とは少し違っていた。「本気でモビリティをやるなら、どこか自動車メーカーと組む必要がある」。もし参入するならば、各国の法規対応のほか、部材の調達を含めた上流のサプライチェーン整備、販売後の下流のアフターセールスの体制まで整える必要がある。

ソニーが単独で参入するハードルは極めて高く、目の前にいる三部の存在は渡りに船に映った。ただ、ソニーにとってはその相手が決してホンダでなければならない理由はなかったのだ。それでも三部の真剣な眼差しと語り口に「この人にはモビリティの未来への危機感がある」と吉田の心が動かされるものがあった。

三部のラブコールに対して吉田はその場で即答は避け「大事なお話なのでゆっくり考えさせてください。我々の経営チームとも話をしたい」と応じた。宗一郎邸での対面のあと、三部と吉田は互いに多忙なスケジュールの合間を縫って短期間に複数回のトップ会談を重ね、協業を決めた。

「どうせ失敗する」「なぜソニーなのか」「クルマなんか本気か」。ホンダ、ソニー両社では当時、懐疑的な見方は多かった。だが、三部は周囲に語っていた。「(ソニーとの協業は)成功するまでやめるつもりはない。だから失敗することはない」。吉田も腹をくくっていた。「ホンダと行こう」

ホンダとソニーの設立から約75年。日本で最も新しいモビリティ会社の誕生が決まった。

ホンダ社長の三部とソニー会長の吉田が手を組み、新たなモビリティ会社が誕生した

Chapter 1

異才融合
スーツ姿と私服の8人

2021年10月のある夜、東京・恵比寿の中華料理店で趣の異なる8人が4人ずつに分かれてテーブル席に向かい合って座っていた。一方は半袖のTシャツといったラフな格好。もう一方の4人はスーツに身を固めていた。Tシャツがソニーグループ、スーツがホンダ、30代を中心とした脂が乗った世代の若手から中堅クラスの男たちだ。この日は両社の社員によるワークショップ初日。それを終えた親睦会の1コマだった。ソニーとホンダ。本田宗一郎邸での極秘トップ会談の1カ月前から、お互いの腹の探り合いは始まっていた。

「ちょっと緊張していましたね。〝職人〟が来たらどうしようと」

ソニー側の1人だった小松英寛は当時をそう振り返る。小松は07年にソニーに入社し、PCの「VAIO（バイオ）」やデジタルカメラ「サイバーショット」、スマートフォン「Xperia（エクスペリア）」など、看板商品のユーザーインターフェース（UI）のデザインを担当してきた。スウェーデン駐在などを経て、18年に水面下で始まったソニーの電気自動車（EV）試作車「VISION-S」の開発に当初から携わっていた。

現在はソニー・ホンダモビリティのデザイン＆ブランド戦略部で、同社が25年に発売予定の新型ＥＶ「ＡＦＥＥＬＡ（アフィーラ）」のＵＩや、ユーザーエクスペリエンス（ＵＸ）のデザインをリードする。

小松がワークショップに参加した経緯もソニーらしい。「こんな話があるけど興味ある?」。当時の上司から、対話アプリのＴｅａｍｓ（チームズ）上で「軽い感じで」連絡を受けて決まったものだった。

相手がホンダとは知らず「デザイナーは社外の人と話して刺激を受ける場が定期的にある。その１つと捉えていた」と語る。ホンダに対する印象は「ストイックな会社。安心安全を第一に、日本中に広がりがある国民的な商品をつくっている。だからちょっとは

AFEELAのUIやUXのデザインを担当するソニー出身の小松英寛

緊張した」と話す。

一方のホンダは様子が違った。「古橋、ちょっと会社に来れるか」。ホンダ側からワークショップに参加した1人の古橋里志は、新型コロナウイルスがまだ猛威を振るう中で突然、上司から出社命令を受けた。「HGT」と呼ばれる四輪開発の総本山、栃木県芳賀町の本田技術研究所に出向き、会議室で幹部からソニーとのワークショップに参加するよう直接打診された。

古橋は06年にホンダの研究開発部門の子会社である本田技術研究所に入社後、一貫して「エンジン畑」を歩んだ。エンジンや無段変速機（CVT）を制御する電子制御ユニット（ECU）の開発などに関わり、14年からは米国の研究開発子会社に駐在。18年に帰任してからはハイブリッド車（HV）やEVの電力を制御するECUの開発に従事してきた。

21年のホンダは「激動」という言葉がぴったりと当てはまった。4月1日に三部敏宏が9代目ホンダ社長に就任していた。就任記者会見で三部は「40年までにEV・F

CV（燃料電池車）の販売比率を100％にする」と脱エンジンを宣言した。

入社以来、ずっとエンジンを含めたパワートレイン開発の最前線にいた古橋が動揺しないはずがない。「エンジンはメカや整備、キャリブレーション（調整）も含めて長い年月をかけてホンダが積み重ねてきたものだ。EVでそれはなくなる。それでもホンダは戦わねばならない。エンジンのホンダからエンジンがなくなって強みがあるのか。ずっと自問していた」

入社以来パワートレイン開発の最前線にいたホンダ出身の古橋里志

半ば業務命令にも近かったソニーとのワークショップへの参加打診は、葛藤の中でもがいていた古橋にとって、つかむべき藁《わら》のように映った。

1946年設立のソニーと48年設立のホンダ。共に終戦まもない混乱期に産声を上げた。ソニーの携帯型音楽プレーヤー「ウォークマン」や、ホンダの二輪車「スーパーカブ」といった革新的な商品を送り出し、世界的な大企業に成長した。戦後日本の「ベンチャー」の代表例としてよく取り上げられる2社だが、相違点も多い。

ソニーは創業者の1人、井深大が設立趣意書にうたった「自由闊達にして愉快なる理想工場」の雰囲気をいまなお残す。ソニーグループの会長CEOの吉田憲一郎が、2018年の社長就任後に「テクノロジーに裏打ちされたクリエイティブエンタテインメントカンパニー」を打ち出してから、急速にエレクトロニクスの製造業というより、エンタメ企業の様相が色濃くなってきた。東京・品川のソニー本社でもスーツ姿の人間を見つける方が難しく、役員陣を除けば男女共にほぼ皆カジュアルな服装がスタンダードだ。

一方のホンダ。年齢や職位にかかわらず議論をする社内文化「ワイガヤ（ワイワイガヤガヤ）」に代表される自由闊達さを重視する社風はソニーと同じだが、製品の安心・安全が何より求められる自動車メーカーである故、ソニーの「自由さ」とはどこか趣が異なる。全国のホンダの拠点では全員が同じ純白の作業着に身を包む。創業者の本田宗一郎は「技術者の正装は真っ白なツナギ（作業着）」とし、皇居での勲一等瑞宝章の親授式にも作業服で出席しようとした逸話も残る。東京・青山など本社部門の勤務者こそ作業着は着ないがスーツ姿の人間が大半を占める。古橋もホンダについて「良いか悪いか分からないが、堅い会社」と認める。

そうして始まったワークショップは「未来のモビリティのあり方をともに探る」という雑ぱくな「お題」に8人で解を見いだすことを目指していた。「お互いが一緒にやったらどんな新しいモビリティの価値をつくれるのか？　というのを探るのがミッションだった」（古橋）、「お互いに未来を妄想して、どんな未来があったらワクワクするだろうかねというのを話し合っていた」（小松）とそれぞれ振り返る。

ソニー側のメンバーは小松を含めて進行中だったVISION-S開発メンバーが中心で普段からよく知る間柄だった。一方のホンダはエンジン開発の古橋のほか、商品企画やデザインなど普段の業務ではあまり関わりのない部署からのメンバーで構成されていた。

両社間の具体的な提携の可能性を探る類いのものではなかった。あくまで未来のモビリティのあり方に向けた考え方が共有できるかどうかを見極めることが目的だった。初日を終えた双方の印象には、やや温度差があったことは否めない。「クルマをよく知っていて驚いた。会話も普通に通じた」と語る古橋に対して、小松は「悪い印象は全くないが、かといって良い印象もない」と笑う。3カ月ほどの間に数回にわたって実施したワークショップを通じて、両者のぎこちなさは次第に薄れていく。

東北道の興奮
尽きなかった歓声

21年の秋空の下、東北自動車道の上り車線を「H」のエンブレムをつけたセダンと小型車の2台が走り抜けていった。

この日のワークショップは、ソニー側のメンバーにホンダの開発拠点がある栃木県から東京都内までを実際にホンダ車に乗ってもらい、ホンダの技術に触れてもらう試みだった。ホンダ側が用意したのは21年3月に一部改良し、世界で初めて自動運転

ホンダが世界で初めて自動運転レベル3を達成した「レジェンド」

「レベル3」を達成したホンダのフラッグシップのセダン「レジェンド」と、20年10月にホンダ初の量産EVとして発売した小型車「Ｈｏｎｄａ ｅ」の2台。いずれもホンダの自信作だ。8人は4人ずつレジェンドとＨｏｎｄａ ｅに分乗し、東京を目指した。

「すごくワクワクしたし、いまでも記憶に残っている」。小松はこの日のレジェンドの乗車体験をいまも忘れない。レジェンドに搭載された自動運転レベル3は渋滞下の高速道路で、かつ天候が良く道路の白線を認知できるといった特定の条件でしか自動運転モードにならない。あいにくこの日は高度な運転支援の「レベル2＋」までの体験だったが、「本当に手離しでも運転してくれる！」と車内では歓声が尽きることはなかった。

「松明は自分の手で」。ホンダの企業文化を表す上で、本田宗一郎の生涯のパートナーであり、副社長として本田を支え続けた藤沢武夫のこの言葉は欠かせない。

まだ誰も歩いたことのない新しい道を、自ら松明を掲げて切り拓く。すなわち「世界初」への挑戦はホンダを動かし続ける原動力の1つだ。


72年に世界一厳しい排ガス規制の米マスキー法を初めてクリアしたCVCCエンジンの開発はあまりにも有名だ。まだGPS（全地球測位システム）が一般的でなかった81年に実用化した「ホンダ・エレクトロ・ジャイロケータ」は世界で初めてのカーナビとなった。いまや自動車の標準装備となっている自動ブレーキも、実はホンダが2003年に上級セダン「インスパイア」に搭載したことが世界初の事例だった。

久しぶりにホンダが生んだ「世界初」の自動運転をソニーに触れてもらえたことに古橋は目を細め、誇りにも感じていた。「歴史を振り返ってみてもホンダはいろいろとチャレンジしている。失敗する商品もあるけれど、挑戦するマインドっていうのは強いなと自分たちも再認識ができた」と語る。

ソニーにも『人がやらないことをやる』という伝統への思いは強い。1979年に発売したウォークマン。創業者の1人、盛田昭夫は「録音機能が無いと売れない」という当時の常識から反対する社内を押し切ってウォークマンを世に出した。「家にもクルマの中にもある音楽が、一歩外へ出たら聞けなくなる。それを満たせる商品がこれだ」。盛田の直感は的中。ウォークマンは記録的なヒット商品となり、音楽を聴くスタイルを根本から変えた。

小松はレジェンドに乗ったことで「同じところがホンダにもあると感じた。技術者から開発にかけた思いを直接聞いたことで、この人たちは職人というか、アピールはそこまで強くないけどすごくまじめに取り組む人たちなんだと再認識できた」と語る。

途中のサービスエリア（SA）でもう一方のクルマに乗り換え、再び東京を目指す。

「あれ、似ているぞ」。小松はもう1台の試乗車Ｈｏｎｄａ ｅに乗り込んだ瞬間、自分が携わっているＶＩＳＩＯＮ－Ｓとの共通点を発見する。20年に発売したＨｏｎｄａ ｅの国内セールスは3年間で約２０００台と苦戦し、短期間で生産中止になった。だが、様々なチャレンジが詰め込まれた意欲作でもあった。運転席と助手席をつなぐダッシュボードには横長のディスプレーが5つ並ぶ。これはホンダが「世界初」とする水平配置したワイドビジョンだ。

Ｈｏｎｄａ ｅでは一般的な自動車のドアミラーではなく、カメラで車体左右の状況を映すデジタル式のサイドカメラミラーシステムを採用する。左右2つのディスプレーはそのカメラで撮影した車両左右後方の状況を映す。中央3つのスクリーンはカーナビゲーションシステムや、自動車の中でスマホと同様のアプリを楽しめる「Ａｐｐｌｅ ＣａｒＰｌａｙ」や「Ａｎｄｒｏｉｄ Ａｕｔｏ」に対応した車載アプリの内容を映し出す。まだカーナビの「進化版」といった段階だが、車内空間の体験価値を深めようとしたホンダ初の試みだった。

ホンダのEV「Honda e」のインテリア。ダッシュボードに大型スクリーンを備える

一方、ソニーのVISION－Sもダッシュボードの車内幅いっぱいに5つのスクリーンを配置する。VISION－Sでは車内での映画や音楽・ゲームといったコンテンツ体験価値の提供をより前面に訴求する。水平基調にまとまったスクリーンの配置も同様だ。

ソニーとホンダの「深夜ラジオ」

「Bセグメント」と呼ばれる小型車に該当するHonda eと、比較的大型な「Dセグメント」に区分されるVISI

ONｰSでは、車格やデザインなど外見上は全く違う。だがその設計思想は近いものがある。「走る・曲がる・止まる」の走行性能に重きを置いてきたクルマの価値が、乗車体験そのものに移り、車内空間が差別化要素になっていくことを両社が自然と見据えて開発したものだった。

「やっぱり似ている。というか考え方が近いのかもしれない」。小松はホンダが将来の提携先になり得るとの確信を強めていく。

「ホンダもソニーと同じようにチャレンジ精神、あるよね」「安心・安全への考え方は想像していた以上だな」。小松たちソニー出身の4人はワークショップを終えた後、4人同士をTeamsでつなぎ、思ったことを話し合える時間をつくった。会の名前は「深夜ラジオ」。話したいことがある人が自由に語れる場にした。

かしこまった定例ミーティングではなく、そこに入れば誰かがいて、自然と声が聞こえる。そんな緩く集まれる場所がちょうど良かった。ワークショップ以外に通常の業務も抱える中、仕事が一段落ついた後、一人ひとりがワークショップから見えてきたソニーやホンダの強みについて、夜通し語り続けた。

3カ月ほどのワークショップを通じて8人の共通認識となったのは、テクノロジーの大変革の中で、自社単独では何もできないということだ。

「僕はずっとモバイル系をやってきた。ガラケーからスマホにシフトしていくところを目の当たりにしてきた。（クルマでも）それに近いことになるとずっと思ってきた」。元はスマホのＸｐｅｒｉａの開発にも関わってきた小松は強調する。

「ガラケー時代」に一世を風靡した日本の携帯電話は、ＮＴＴドコモといった通信キャリアを頂点に自前であらゆるサービスをつくり、それで開発企業や利用者を囲い込む「垂直統合型」のビジネスモデルだった。07年にアップルがスマホ「ｉＰｈｏｎｅ（アイフォーン）」を発売したことによってその生態系が一変したのは、誰もが知るところだ。アップルが用意したプラットフォーム上でクリエーターや企業がアプリなどを自由に開発して提供する形に進化した。

「いろいろなサービスがスマホという土台の上で好きなように組み合わせて提供され

ている。クルマもそうなる。だからいろいろな人たちと組んで、価値を最大化しないといけない」。さらに小松は強調する。「クルマはスマホのように誰もがつくれる世界ではない。パートナーがいないとそれ以上は先に進めない。ワークショップを通じて感じるようになった」

ホンダ出身の古橋にとっても、ソニーの考えは新鮮味があった。「ワークショップの中でソニーの皆さんと話して気付いたんですよ。ソニーはハードとしてプレイステーションをつくっている。でもコンテンツ（ゲームソフト）を自社で全部つくっているわけではない。いろいろな企業やクリエーターがつくって、あとはみんなが集まって提供したい人は提供すればいい。遊びたい人は遊べばいい。いまのクルマは我々OEM（完成車メーカー）がつくって売って終わり。だから、ソニーはすごいなぁと感じた」

何かを全て自社で完結させる時代はもう終わった。未来のモビリティに向けて、価値観を共有できるパートナーが必要だ。ワークショップは12月に最終回を迎え、最後の打ち上げでは東京・品川でタコス料理を堪能し、終電を逃すメンバーが出るほどに8人には絆が生まれていた。

だが、ソニーとホンダの8人の交流は一旦、途絶えることとなる。ソニーにはもう1つのパートナー構想が存在していたのだ。

Chapter 2

不文律を破ったソニーの変革
幻の提携相手、マツダ

「『出るクイ』を求む！」

1969年にソニー創業者の井深大の考えを示す求人広告が新聞に載った。それは今も変わらぬソニーグループが求める人材像を端的に表す。日本企業の中でソニーほど各人の「キャラ」が立った会社はまれだろう。様々な商品やサービスを世界に生み出してきたソニー。だが、自動車産業への参入はかたくなに拒んできた。ソニーが今回のモビリティ参入を決めるまでに、大きな節目が2回あった。いずれも創業者の時代から続くソニーの「不文律」に向き合うものだった。自由闊達な社風ながら、長く重しとなっていた不文律。その呪縛をいかにして解き放ち、新たな挑戦へと踏み出したのか。ソニー変革の歴史とこれからを探ろう。

「事業家」と「発明家」が破った不文律

ソニーがホンダと提携する5年前の2017年のこと。当時、ソニー執行役員として人工知能（ＡＩ）やロボットなど新規領域の製品開発を担う「ＡＩロボティクスビジネスグループ」を率いていた川西泉と、ソニーの執行役ＥＶＰ最高戦略責任者（ＣＳＯ）だった十時裕樹の会話があった。

川西にとって当時の最大のミッションは犬型ロボット「ａｉｂｏ（アイボ）」の復活を成功させること。18年1月に発売を控えた慌ただしい日々の中で、川西は十時と偶然に話す場面があった。川西にとって十時は1年後輩にあたる。スマートフォンの事業で関わるまで、それほど深い付き合いはなく、お互いに「知っている」程度の間柄。そんな２人が交わす何気ない会話の中で、十時がふと切り出した。

「ソニーがクルマをやったらどうか」

この会話が、そう遠くない未来に現実のものとなるとは、当の本人たちは思ってもみなかっただろう。

クルマ事業の可能性を口にした十時は１９８７年にソニーに入社し、財務部門が長い。英国駐在を経て帰任後の98年からソニーの新規事業として始まった銀行業の立ち上げに奔走し、2001年にソニー銀行の設立を主導した。05年にソニーコミュニケーションネットワーク（後のソネットエンタテインメント）に移籍。同社社長だった現ソニーグループ会長最高経営責任者（CEO）である吉田憲一郎の「右腕」として仕え、13年末にソニーへ復帰するまでソネットを率いた。

十時はソニー銀行を立ち上げた「ベンチャー経営者」であり、ソニーグループ社長となった今も数々のスタートアップ企業の支援に熱心だ。ソネット時代から吉田や十時に仕え、2人をよく知る人物は「吉田は経営者、十時は事業家」と評する。

一方の川西はソニーの「発明家」といえる人物だ。かつてゲーム部門にいた04年に携帯型ゲーム機「プレイステーション・ポータブル（PSP）」の開発を主導した。17年、当時率いたグループからは、18年に発売したaiboのほか、21年発売のドローン「Airpeak（エアピーク）」や、22年発表のエンタメロボット「poiq（ポイック）」といった新基軸の商品を相次いで生み出した。

川西は「ハードワーカー」で知られ、睡眠時間は「3～4時間あれば平気」とケロッと話す。周囲に疲れた顔を見せることはないほどだ。ショートスリーパーとして知られる発明王のトーマス・エジソンに通じるところがあり、実績や仕事ぶりも含めて「ソニーのエジソン」と言ってもいいだろう。そんなソニーの「事業家」と「発明家」が共通して可能性を感じていたのがクルマだった。

川西は当時の十時との会話をこう振り返る。

「モバイルのビジネスは難しくなったけれど『こういう業界は伸びているよね』という話をしていた。スマホで起きたことが次はクルマの世界でも起きるのかなと、あくまでも一般論として話していた」

会話を切り出した十時は「スマホで起きたこと」をトップとして体感している。14年から17年までの4年間、ソニーのスマホ事業会社だったソニーモバイルコミュニケーションズの社長を務めた。事業の立て直しには最後まで苦戦したが、スマホを通じたテクノロジーの変化にいち早く気付けた収穫があった。ハードの筐体はそのままでもソフトウエアさえアップデートすれば、商品そのものの機能が高まる。スマホの拡張性に十時は早くから着目していたのだ。

ソニーのモビリティ参入は川西と十時の会話がきっかけだった

この仕組みをモビリティにいち早く導入したのが米テスラだ。それまで一度購入したクルマに、新しい機能を後から加えるには、ディーラーに車両を持ち込んで改修してもらうほかなかった。一方でテスラはユーザーがディーラーに車両を持ち込まずともインターネット経由で運転支援機能や安全性能を高めることを「オーバー・ジ・エア（ＯＴＡ）」と呼んで12年に既に実現していた。

対外的に言うことこそなかったが、十時と川西が内部で想定したものは電気自動車（ＥＶ）ではなく「走るスマホ」だった。一般的な自動車メーカーは、エンジンをバッテリーとモーターに置き換えることでEVを開発してきたが、ソニーの発想はスマホに車輪をつけるようなものだった。起点が大きく異なることが分かる。

ただ、川西は当初まだクルマについてはピンときていなかったという。

「ソニーがクルマをやることは自分の中では結びつかなかった。エンジンやトランスミッションといった技術はそのときのソニー商品のいずれにもなかった。でも技術的にやれる範囲はあるだろうとも感じていた。車載分野は少なからずソニーもやっていたからだ」

川西のこの発言を理解するために時計の針を少し前に戻そう。

「ソニー『車の目』参入、自動運転車に弾み」

14年8月15日。日本経済新聞の朝刊1面に大きな見出しが躍った。スマホなどのカメラに使うCMOS（相補性金属酸化膜半導体）画像センサーを車載向けにも応用するとのニュースだった。CMOS画像センサーでソニーは韓国サムスン電子などの競合を抑え、世界シェアの過半を握る最大手だ。14年当時、経営立て直しの真っ最中にあったソニーにとって、再建のカギを握る存在と位置づけられていた。

ＣＭＯＳ画像センサーを手掛けるソニーグループの半導体事業会社、ソニーセミコンダクタソリューションズ社長の清水照士は、車載への参入を決めた当時の社内をこう振り返る。

「クルマの中にエレクトロニクスが入ってくるという技術のトレンドがあった。ソニーはエレキの会社であり、センサーの会社。自動運転やＡＤＡＳ（高度運転支援システム）の市場が今後大きくなるのであれば、ソニーとして放っておく道理はないよねとの経営判断をソニー全体として決めた」

当時社長だった平井一夫が下したこの決定は、ソニーにとって大きな意味を持つものだった。ソニーは祖業のエレクトロニクスに始まり、果敢に新規事業に挑み続けた歴史がある。１９６８年に米ＣＢＳとの合弁「ＣＢＳ・ソニーレコード」で音楽業界に進出。創業者の１人である盛田昭夫が、滞在先の米シカゴで巨大なプルデンシャル生命のビルに憧れたことがきっかけで79年に始まった金融（生命保険）。それだけではない。89年に米コロンビア・ピクチャーズを買収して映画事業に参入し、94年にはプレイステーションでゲーム事業に参入した。果敢に攻めて領域を広げていったソニーだが、マーケットが大きく世界展開が可能な自動車産業にはなぜか参入してこなかった。「人の命に関わる商品は扱わない」との不文律があったからだ。

80年入社の清水は現在のソニーグループ役員陣の中では最古参の立場で、ソニーの歴史について最もよく知る1人だ。その清水が「人の安全に関わるような事業は昔からやらない。でもその時に変わったんだ」と明かす。車載向けCMOS画像センサーに参入する起死回生の一手が、ソニーの不文律を打ち破るきっかけにもなったのだ。

新規参入組に待ち受ける苦難
縦社会の日本に苦戦

そうして自動車産業に参入したソニーを待っていたのは甘くない道のりだった。

自動車業界は安全に対する品質の要件が極めて厳しい。メーカーが遵守すべき規格や関連する法規も無数にある。勇んで参入したものの「自動車産業は未知の領域で顧客からも『本気なのか』とよく聞かれた」と清水は振り返る。ソニーの技術者が国内の完成車メーカーにアポイントを取りつけても、会議室すら用意されないことがあったという。一方で欧米メーカーとはそうしたことはなく、完成車メーカーであるフォルクスワーゲンやアウディ、メルセデス・ベンツグループなどとコンタクトしつつ、一次取引先であるティア1部品メーカーのボッシュやコンチネンタル、ヴァレオなどともソニーが普通に会話をして公平な付き合いができたという。

「よく言われるが、日本の自動車業界は『スーパー』縦社会だった。ぼくらソニーは、車載カメラシステムを手掛けるティア1のメーカーに対してセンサーを納めるティア2。その立場で、直接完成車メーカーと話をするのがご法度だったことには驚いた」(清水)

新参者の洗礼を浴びたが、そこで単なる下請けにとどまるつもりは微塵もなかったのがソニーらしい。以来、「『スーパーティア2』になろう」がソニーセミコンダクタソリューションズの車載技術陣の中での合言葉となる。単なるサプライヤーではなく、自動運転に関わる技術の向上で交渉力を高め、ティア1や完成車メーカーも付き合わざるを得ない存在になるという決意が込められていた。

14～19年までは勉強の期間だったが、20年以降にようやく顧客層が広がりをみせる。自動運転関連技術やADASが本格的に普及し始め、自動車産業の取引関係に変革の波が押し寄せていた。参入当初はティア2のソニーが直接完成車メーカーと話をすることは半ばご法度だったが、徐々に潮目が変わりつつあった。完成車メーカーがティア1の取引先に全てを任せておけないほど自動運転の技術が進化したからだ。「完成車メーカーとしても、我々のようなティア2の技術力をもっと直接知るべきだと風向きが変わった」と清水は振り返る。

ADASの普及と共に、ソニーは車載用のCMOS画像センサーで後発ながら急速に存在感を高めている。金額ベースの世界シェア（画素数200万画素以上に限る）は23年度に32%だったが、26年度には43%にまで高める方針だ。

清水はソニー・ホンダモビリティに対する良き理解者の1人でもある。CMOS画像センサーを米アップルのｉＰｈｏｎｅなどスマホメーカーへ供給してきたことを通じて、テクノロジーの変化を目の当たりにしてきたからだ。川西と同様に自動車業界の変化も敏感に感じ取っていた。22年の9月にこう述べている。

「ＥＶの時代は来る。ＥＶはエレキの延長線と見てもいい。ソニーがどんなに頑張ってもエンジンはつくれない。中国勢がどんなに頑張ってもエンジンはつくれなかった。もちろん簡単ではないが、ＥＶならソニーでもつくれないことはない。そこにソニーとしてのいろいろなリカーリング（課金型）のビジネスモデルを導入できないかと、吉田さん十時さんは意識しているだろう。ソニーがＥＶにチャレンジするのは必要だったと思う」

ソニー・ホンダの「ＡＦＥＥＬＡ」には車両周辺を認識するために無数のカメラやセンサーが取り付けられる。多くはソニーセミコンが供給する見通しだ。清水はソニー・ホンダを「有望顧客の1社として見ている。ソニー出身者もいるのでしっかり支援したい。（車内外の認識で）当社のセンサーを採用したい意思を感じている。とてもいい機会だと思っている」とエールを送る。

産業ピラミッドの頂点に「新参者」が登る道

日本の半導体業界を代表する「顔」の1人であるソニーセミコン社長の清水照士

「ソニーのやり方はうまい」。コンサルティング会社、アーサー・ディ・リトルのパートナー、赤山真一はソニー・ホンダの設立が決まっていた22年8月にこう評していた。

「自動車はどんどんセンサーや半導体の塊になっていく。新規参入を目論む企業は多けれど、自動車ムラのお作法が分からない。だから多くの企業はティア2かティア3にとどまってしまう。

それをソニーはホンダとの提携で一気にブレイクスルーをした。完成車メーカーとサプライヤーの立場で地道に付き合って時間をいたずらに使わず、自分たちが完成車メーカーと同様に価値を提供できる立場になった」

電機業界では日立製作所やパナソニックホールディングス、三菱電機などが自動車関連ビジネスを手掛けているが、いずれも曲がり角にある。日立は21年、完全子会社だった日立オートモティブシステムズをホンダ系列だった部品メーカーのケーヒン、ショーワ、日信工業の３社と経営統合させて日立Ａｓｔｅｍｏ（アステモ）をつくった。当初は日立が66・７％を出資する同社の連結子会社だったが、23年に資本構成を変更。日立とホンダが40％ずつを出資し、残りの20％を産業革新投資機構系のファンドが出資した。日立アステモの社長はいまではホンダ出身者が就いている。パナソニックＨＤも23年に自動車事業を投資ファンドのアポロのグループ会社に売却すると発表。三菱電機は24年に自動車事業を分社化し、分社した新会社の一部をアイシンとの共同出資に切り替えると発表した。

いずれの電機会社も、自動車業界の産業ピラミッドの中では、今も「サプライヤー」の立場を抜けきれていない。各社の自動車関連ビジネスの売上高は約1兆円から2兆円の規模になる。「なまじっか規模が大きいから、既存の完成車メーカーとの関係性を壊せなかったのだろう」(赤山)

一方で、ソニーは14年に自動車産業に参入したばかりの新参者で、しがらみがない立場。だから業界の異質さに気づき、ホンダというパートナーを得て一気に産業ピラミッドの頂点に上る道を選べたとも言える。

時計の針を17年の十時と川西の議論に戻そう。当初は慎重だった川西も「先端のテクノロジーが増えることは、ソフトの比重が増えることになる。ソニーが1999年に最初のAIBOを世に出したときと同じワクワクするような自分の感覚を感じるようになった」と徐々に気持ちが前向きに変わっていく。

ここでも創業来の不文律に向き合わざるを得ない。

「EVそのものをソニーが扱う意味があるのか」。平井や吉田も交えたソニーの経営会議の中で真剣な議論が続いた。センサーだけでなく、最終製品であるEVそのものを扱うことになれば、より深く人命に直結することになる。責任も格段に重くなる。

それでも議論を動かしたのが「ソニーらしさ」だった。

「EVをやることがソニーや世の中にとってメリットがあり、社会にも貢献できるのではないか、と何となくまとまってプロジェクトがスタートできた。『とにかくやってみる』のがソニーの良い文化。モバイルの歴史を見ても、携帯からスマホへの移行期に人々のライフスタイルそのものが大きく変わった。『もしもし』『はいはい』だけだった携帯からスマホ上でいろいろなアプリを操作し、エンターテインメントを楽しむ世界が生まれた。次のメガトレンドがモビリティで起こり、EVや自動運転に技術の進化が移ってくるならば、そこにソニーとしてピボット（点）を打っておいた方がいいとなった」と川西は語る。

2018年1月に新型aiboを無事に発売した後、EV試作車「VISION-S」の開発プロジェクトが水面下でスタートする。ただ、当時の目的はあくまでモビリティを学ぶこと。まずは自分たちでEVを開発してみるというスタンスだった。実際、ソニーは慎重な姿勢を崩さない。その後、極秘に2年弱開発を進めたVISION-Sを20年1月に開かれた世界最大のテクノロジー見本市CESで披露し、ソニーが世界を驚愕させることとなる。

本命はホンダではなかった!?
幻のソニー・マツダ構想

新型コロナウイルスによる「パンデミック」が世界を震撼させた20年。CESが開催される年明け早々の段階では、まだコロナは中国湖北省武漢市内で流行が確認され始めたばかりで、渡航制限も何もない平和な世界だった。米ラスベガスの会場には約4500社が出展し、世界から17万5000人が来場するなど熱気に包まれた。

6日の記者会見でトヨタ自動車があらゆるモノやサービスがつながる実証都市「コネクティッド・シティ」を東富士（静岡県裾野市）に建設すると発表。21年初頭に着工するこの街を「Ｗｏｖｅｎ Ｃｉｔｙ（ウーブンシティ）」と命名した当時社長の豊田章男は「もっといい暮らしとＭｏｂｉｌｉｔｙ ｆｏｒ Ａｌｌを私たちと一緒に追求したい方、全員の参画を歓迎する」と呼びかけていた。「今年のＣＥＳ最大のサプライズはトヨタ」。多くの参加者がその思いを強めていた同日夕方、記者会見の大トリを飾ったソニーがその考えを一変させることになる。

登壇したソニーの吉田は、ＣＥＯとしてＣＥＳにデビューした前年は黒のスーツとブルーのネクタイでバッチリと決めていたのに対して、20年は少し砕け、ノーネクタイのスーツ姿でプレゼンテーションを進めていく。最終盤に突如言及したのがモビリティへの意欲だった。

「この10年間のメガトレンドはモバイルだった。そして次のメガトレンドはモビリティになる。コネクテッドに自動運転。社会に大きなインパクトを持つ存在になる。その中でも安全性は最もエッセンシャルな要素だ」

吉田は14年に参入した車載用ＣＭＯＳ画像センサーの技術を紹介した後にこう宣言した。

「モビリティを新しいエンターテインメントのスペースとしてリディファイン（再定義）していく。新しいイニシアティブをこの『ＶＩＳＩＯＮ－Ｓ』で実現する」と語ると、会場左手から音もなく試作車が入り込んできた。

試作車のドアを開けて運転席にいた女性をエスコートした吉田の表情は笑みに満ちていた。「私たちの未来のモビリティへの貢献と、ソニーが保有するテクノロジーの豊富さを示している」と強調した。ＶＩＳＩＯＮ－Ｓには車内外の状況を認知するカメラやセンサーが40個取り付けられている。いずれも世界シェア首位のＣＭＯＳ画像センサーの技術の結集だ。

吉田が言及したエンターテインメントの要素では、19年から欧米で始めた独自の立体音響技術「３６０　Ｒｅａｌｉｔｙ　Ａｕｄｉｏ（サンロクマル・リアリティオーディオ）」を導入する。音の種類によって上下左右の異なる場所から音が聞こえるようになり、まるでライブハウスのように周囲が音で満たされる感覚を楽しめる。

ソニー社長(当時)の吉田が2020年のCESで披露したVISION-S

運転席と助手席をつなぐダッシュボードには計5つのスクリーンが並ぶ「ワイドスクリーンディスプレー」を設置。カーナビゲーションシステムのようにただ情報を並べるだけでなく、ソニーが強みを持つ映画やゲームといったエンタメコンテンツも車内で楽しめる環境にする。運転席と助手席の背面にもスクリーンがそれぞれ付き、後部座席の乗員も同様に映像を楽しむことができる。

吉田はソフトの技術によるアダプタビリティー(一人ひとりの利用者に適応すること)にも言及。「ソフトオリエンテッドの技術で、クルマがクラウドに接続し、最新の機能を常にアップデートし続ける」。十時や川西がスマホから着想を得た「進化するクルマ」が具現化されたものだった。

「マグナ・シュタイヤーなどのパートナーとの協力なくしてこの試作車はできなかった」。吉田が謝辞を述べるとスクリーン上には、オーストリアに拠点を持つ車体受託製造のマグナ・シュタイヤーや、自動車部品大手のコンチネンタル、ZF、半導体大手のエヌビディア、かつての携帯世界大手ブラックベリーなど11社のロゴが並んだ。伝統的な完成車メーカーの姿はない。まさにソニーのような異業種の新規参入組がモビリティを変える。そんな業界構図の変化を示す瞬間だった。CES会場で取材に応じた吉田はVISION-Sを披露した理由をこう答えている。

「（主力の）CMOS画像センサーの技術が安全性に貢献できるかを検証するためだ。自動車が安全になれば、クルマはエンターテインメントの空間になる。エンタメ空間の技術とビジネス性を検証したい。画像センサーの性能を市場に評価してもらっているが、我々は車の知見がないので学ぶことは多い」。あくまでモビリティを学ぶために、まず商品をつくってみたとの立場だった。

18年に川西らａｉｂｏ開発チームが一から取り組んだＶＩＳＩＯＮ－Ｓのデザインを初めて吉田が見たのは、19年の春だったという。開発の意義について「研究開発は投資の回収可能性よりも社会的なインパクトの大きさを重視している。経営もリスク・リターンだけでなく、社会的なインパクトの軸を考えていかないと、人材を獲得できなくなる」と語っていた。

ＣＥＳで示したＶＩＳＩＯＮ－Ｓのインパクトは絶大だった。川西は「びっくりするくらい、多くの他社さんから協業のお話を頂いた」と後に振り返る。完成車メーカーやティア１メーカー、自動車関連のサービス企業も含めて総勢１００社近くからラブコールがあったようだ。当時のソニーの基本姿勢について「我々は元々オープンだった。どこから話がきても断ってはいなかった」と川西は語る。

あくまでモビリティを「学ぶ」目的で出した試作車のＶＩＳＩＯＮ－Ｓのあまりの反響にソニーの姿勢も変化していく。「ちょうどコロナ禍となり開発が停滞した面もあったが、ソニーとしてＶＩＳＩＯＮ－Ｓを世にお届けすることはどうかとビジネス

的な可能性をちょっと考え始めた時期でもあった」（川西）

しかし試作車の製作と実際の商用化は全く違い、その道のりは遠く険しい。ＶＩＳＩＯＮ－Ｓの製造はマグナと組んだ。洗練されたデザインで完成したＥＶのように見えたが、安全性や保安基準をどう保つかのハードルは高い。トヨタのスポーツカー「スープラ」などの製造実績があるマグナでも難航を極めた。

21年1月のＣＥＳは新型コロナ禍の影響でオンライン上のみで開催された。吉田はこの場で20年12月からＶＩＳＩＯＮ－Ｓを技術検証のため、公道での走行試験をオーストリアで始めたことを明かしている。ただ吉田は後に「試作車をつくって欧州の街並みを走るのと、量産までもっていくのとでは大きなギャップがあった」と振り返っている。

ソニー内部で徐々にモビリティへの参入は「単独では難しい」と意識が高まっていく。他にもパートナーを求めたことは自動車業界からのハレーションを回避したい目的もあったようだ。後に吉田は「自分でモビリティをやると、自動車会社と競合に見えるという懸念が特に社外から聞こえてきた」と語った。安全面の法規や製造のノウハウを持つ完成車メーカーとの提携の道を模索するようになる。

完成車メーカーのパートナーはどこにすべきか。すんなりとホンダに決まったわけではない。確かに、ホンダもVISION-Sを見てソニーに秋波を送った1社だ。プロローグでも触れたように、社長の三部敏宏が吉田を誘い、本田宗一郎邸での極秘会談を持った。

だが、その時にソニーが本命視していたのはホンダではない。マツダだったのだ。ソニーとマツダについて当時を知る関係者の口は一様にして重い。マツダとの交渉を知るある人物は「ソニーの中でホンダは厳しいと見られていた」と明かす。戦後の復興と共に世界的な企業に成長した歴史や、創業者同士の強い絆、自由な社風に挑戦の系譜を含めてソニーとホンダの企業文化やDNAに共通点が多いのは疑いようがない。ただ、ホンダの自動車メーカーとしての実力に最後まで確証を持ちきれていなかったのだ。

ソニーが20年のCESでVISION－Sを発表した当時、ホンダ社長は8代目の八郷隆弘だった。15年に社長に就任し、21年に後任の三部にバトンを渡す八郷体制の6年間のホンダは、一言でいえば「もがいていた」時期だった。

ホンダは12年、世界の四輪販売台数を16年度までに11年度から倍増に近い600万台に引き上げるという野心的な目標を発表した。しかし、この拡大路線が裏目となり、13年に発売した主力車「フィット」で1年間に5回のリコールを立て続けに起こす。当時社長だった伊東孝紳を筆頭に、まだ執行役員だった三部を含めた多くの経営陣が責任を取り、役員報酬を自主返納する一大事だった。

八郷は社長就任後に拡大路線の後始末に追われた。在任期間中に国内主力の狭山工場や英国スウィンドン工場の生産終了を含めて世界生産能力を1割削減した。21年の社長退任後は表舞台には全く出てこない。あるホンダ社員は「今思えば最初から八郷さんと三部さんの役割は決まっていたのだと感じる。八郷さんは憎まれ役をあえて買って出たのではないか」とおもんぱかる。

そんな八郷が社長在任中に意識していた企業がソニーだった。

「ＳＥＤ２・０とは何なのか」。18年6月、八郷は全社員にそう書かれた冊子を配った。ＳＥＤとは販売・サービスと生産技術、開発を示すホンダの社内用語。当時の社内にはびこっていた縦割り意識の打破を目指す取り組みだった。

八郷が登場するページは全てが真っ赤に塗られ、白抜き文字で「今までのやり方を否定してでも変えていく必要がある」「これからの時代、『部門・本部最適』は致命傷になる」と大文字で記し、社員に危機意識を植え付けようとした。

当時のホンダは主力の四輪事業の収益力が低下する一方だった。自動車業界のトップアナリストの中西孝樹にも冊子に出てもらい「かつてのソニーもそうだった。彼らのプライドは粉々に打ち砕かれた。しかし、自分たちを再生させるために危機意識が全社に共有化され、変革が起きた」と改革の先達としてソニーに言及していた。

ソニーはリーマン・ショックが起きた08年度から7年間で最終赤字を累積1兆円計上した。社長だった平井の下で、再生に向けたリストラも断行。テレビ事業を分社化し「ＶＡＩＯ」ブランドのパソコン事業や、世界で初めてソニーが実用化したリチウムイオン電池事業も売却。10年度に16万人いた従業員数は23年度には11万人と3割減っている。

そしてハードの販売から配信サービスなどで継続的に稼ぐ「リカーリング」の事業モデルにシフト。一時期は倒産すら危ぶまれたソニーは、ホンダの八郷が社員に冊子を配った前年の17年度に営業利益が7349億円と20年ぶりに最高益を更新していた。

一方のホンダ。リーマン・ショックが起きた08年度は四輪の落ち込みを堅調な二輪事業で補い、トヨタや日産自動車が最終赤字に陥る中、最終黒字を確保していた。ただこの結果が皮肉にも根本的な危機と向き合うことの遅れにつながることになる。

ホンダは18年度に売り上げ規模で四輪の5分の1にすぎない二輪事業が営業利益で四輪事業を逆転。三部の社長就任後3年目の23年度になって、6期ぶりに営業利益で四輪（5606億円）が二輪（5562億円）を上回るまで、四輪の低空飛行は続いた。

VISION-Sの発表後、ホンダ退職者がソニーにも大勢移ってきたこともあり、ホンダの内部事情は知られていた。「本当にホンダで大丈夫だろうか」。ソニーは最後までそうした見方をぬぐい切れなかった。

ではなぜ、ソニーはマツダを本命視していたのか。21年秋にソニーとホンダが若手を4人ずつ出し合って8人のワークショップを開いていたころ、ソニーは同時並行でマツダとのプロジェクトも動かしていた。

マツダは世界販売台数が約120万台とホンダの3分の1以下の中堅メーカーながら、「魂動デザイン」「スカイアクティブ」といった独自のクルマ作りのポリシーがはっきりしている。「人のやらないことをする」をモットーにするソニーとの親和性が強かった。

ただ、21年秋にマツダとの間で「何か」が起こり、年末までにホンダとの交渉が一気に動き出すことになる。「まさに大どんでん返しで現場はもう大変。えっ、マジですかといった状況だった」(関係者)。なぜ破談したのか。真相は明らかでないが、マツダ側の事情にあったようだ。ある関係者は「マツダが提携関係にあるトヨタに気を

業績の改善はソニーが先行した

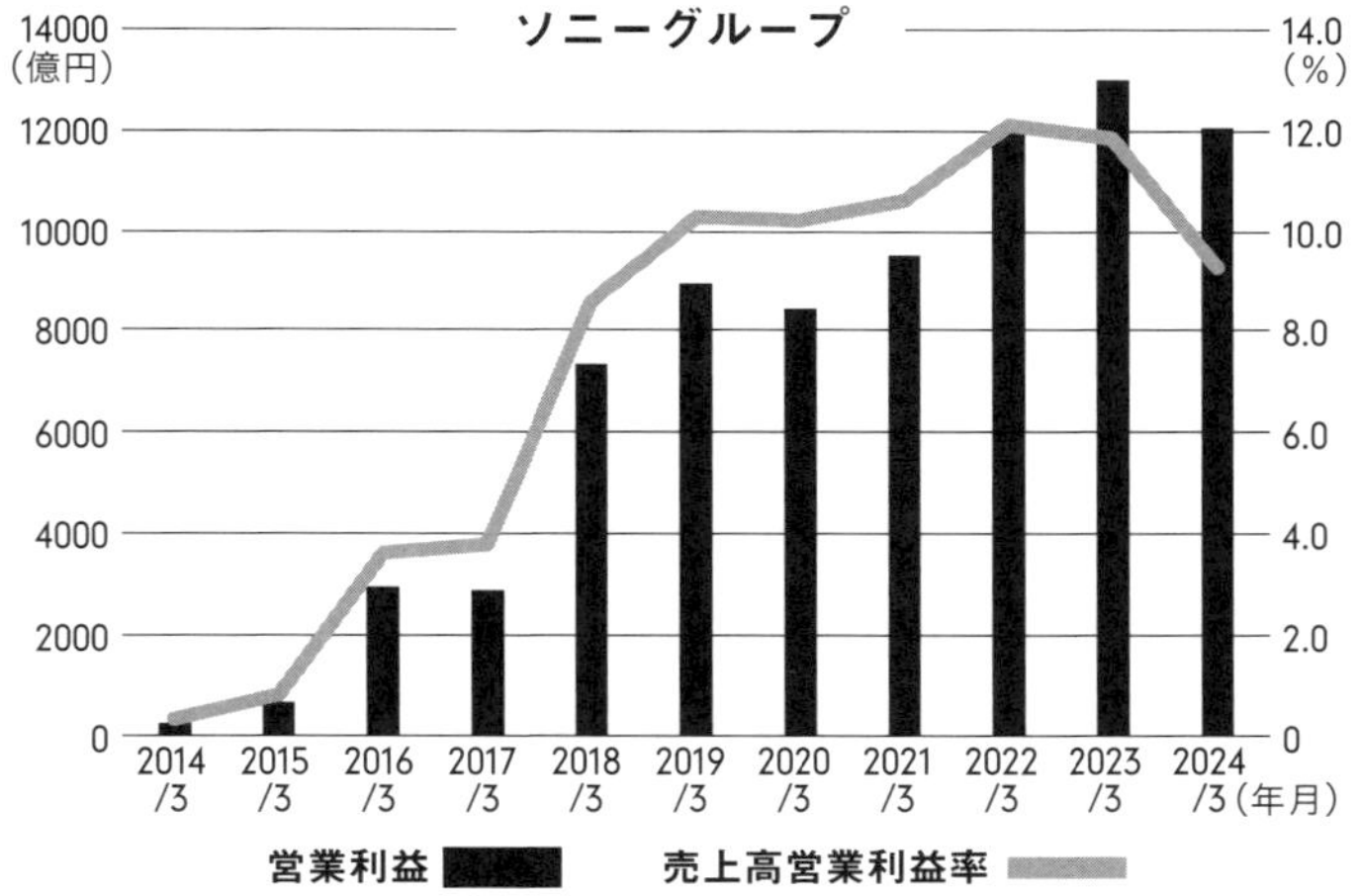

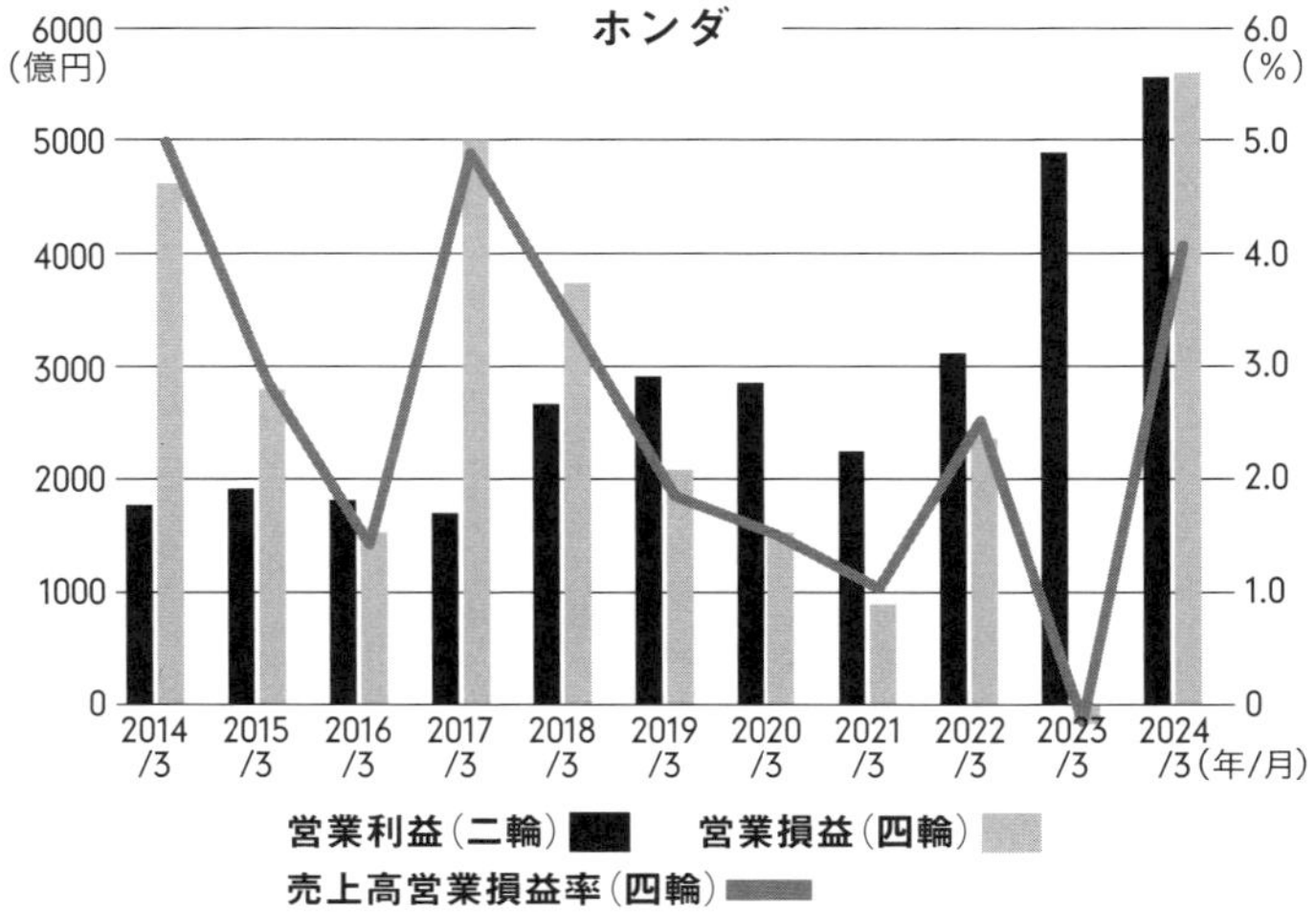

使い、ソニーから離れていった」と明かす。

ソニー・マツダ破談の真相を探るべく、吉田にマツダとの交渉について直撃した。マツダとの関係も良かったのではないかと聞くと「はい」とはっきり答えた。なぜ破談したかに踏み込むと「それはちょっとコメントできない」とだけ応じた。

ただ、当時のソニーにとってはそれも想定内の出来事だったのかもしれない。ある幹部は「破談の経緯は直接知らないが『何かがあり』、吉田さんがかねて接点のあったホンダに声をかけた。いろいろな企業と同時並行で進めていたからそう驚きはない。ソニーの姿勢はあくまでオープン。今も決してホンダだけに閉じていない」と話す。

22年のCESが開幕する直前の21年末、吉田は1本の電話をかけている。それは、ソニーにとっての「プランB」の発動だった。

Chapter 

不文律を破ったソニーの変革
幻の提携相手、マツダ

Interview

モビリティは「貢献するもの」感動空間を提供したい

ソニーグループ　会長CEO

吉田 憲一郎氏

よしだ・けんいちろう

1959年生まれ。東京大学経済学部を卒業。83年ソニー(現ソニーグループ)入社。財務畑を歩み、2000年にソニーコミュニケーションネットワーク（現ソニーネットワークコミュニケーションズ)。05年同社社長。07年ソニーのグループ役員、15年に同社副社長兼CFOを経て18年に社長兼CEO。20年から会長兼社長CEOで、23年4月から現職。

――ソニー・ホンダモビリティの設立から2年がたちました。ソニーグループにとってのモビリティ事業の位置づけを聞かせてください。

ソニーにとってモビリティは本業ではなく、「貢献するもの」と位置づけている。長い時間軸で見たとき、ソニーとしての貢献とは感動の提供になる。ソニーはパーパス（存在意義）で「クリエイティビティとテクノロジーの力で、世界を感動で満たす。」を掲げている。世界には様々な空間があり、モビリティ空間も新たなエンターテインメント空間、あるいは感動空間にしていきたいと思う。ソニー社内では感動を作って届けるまでの流れを「感動バリューチェーン」と呼ぶ。モビリティもその感動バリューチェーンの1つに位置づけられる。

短い目線での具体的な貢献領域も3つある。まずはCMOS（相補性金属酸化膜半導体）画像センサーを使って車の周囲の状況を認識するセーフティー（安全）だ。次にソフトウエアの技術によるアダプタビリティー（順応性）がある。iPhoneを含めたモバイルもソフトウエアで定義されるということは（個々人の利用環境に応じて）アダプタブルになる。そこは我々のソフトウエアの技術で貢献できる。そして最後がエンターテインメントだ。コンテンツそのものだけでなく、提携する米エピックゲームズのゲームエンジン技術を生かす。この3つをソニー・ホンダの立ち上げ時にも意識していた。

――ソニーにとってモビリティは未経験の分野です。参入にためらいはありませんでしたか。

外部の環境認識としてモバイル（スマートフォン）とモビリティには相似性があると考えている。スマホの中にはアプリケーションのプロセッサーがあり、基本ソフト（OS）があり、それらを動かすSoC（システム・オン・チップ）などがある。『電子の眼』の役割を果たすCMOS画像センサーも含めて一体となっている。モビリティも同様にメインのプロセッサーがあって、OSがあって、アプリケーションがあり、CMOSのような眼もある。そのモバイルとモビリティの相似形の中で川西（現ソニー・ホンダモビリティ社長兼最高執行責任者＝ＣＯＯ）という逸材や、十時（現ソニーグループ社長ＣＯＯ兼最高財務責任者＝ＣＦＯ）といったモバイルに長く携わった人材がいたことが大きかった。

内部的な環境認識では、ソニーは他社との合弁という形によっていろいろと事業を広げてきた。古くは１９６８年に米ＣＢＳと合弁でＣＢＳ・ソニーレコード（現ソニー・ミュージックエンタテインメント）を設立し音楽事業に参入した。79年に始まった金融事業も米プルデンシャル生命保険との合弁で現在のソニー生命保険が始まった。私は２０００年～13年にかけてソネット（現ソニーネットワークコミュニケーションズ）に在籍していた。00年時点のソネットもソニーとソニー・ミュージックエンタテインメント、そしてソニー生命の3社の共同出資だった。93年設立でプレイステーションをつくったソニー・コンピュータエンタテインメントもソニーとソニー・ミュージックの社内合弁。最近ではアニメを世界に配信するプラットフォームのクランチロールもソニー・ミュージック傘下のアニプレックスとソニー・ピクチャーズエンタテインメントの合弁で運営する。ソニーが事業を広げる際には合弁という形をとることが多い。今回のソニー・ホンダも（合弁という形態が）同じように大事になる。

――20年のCESで試作車「VISION-S」を発表して以降、世界の完成車メーカーを含めた世界中の企業から提携の申し込みがありました。なぜホンダをパートナーに選んだのでしょうか。

ホンダは本業としてずっと自動車のビジネスをやってきた。クルマの開発技術、生産する力、（工場などの）インフラを持っている。財務体質も強固で、ソニーとしても敬意を持っている。その点がベースになる。ホンダの三部（敏宏）社長の存在も大きい。21年秋にお誘いを受けて本田宗一郎邸で話し合った。三部社長にはモビリティに対する一種の危機感があり、モビリティの世界が変わっていく中で新しい切り口を見いだすためには全く違う異業種と組むことを求めていた。その場では即答できなかったが、三部社長の思いは受け止めていた。

――ソニー・ホンダを設立した22年から2年間で電気自動車（EV）を巡る環境も変化しています。24年6月に米新興EVメーカーのフィスカーが経営破綻し、中国のBYDが躍進する中でテスラも収益が悪化しています。ソニー・ホンダにとって逆風ではないですか。

確かに環境が少し変わったとは認識しているが、それでも大きなトレンドとしてのEV化の流れはさほど変わっていないと思う。それにソニーが貢献領域とするセーフティー・アダプタビリティー・エンターテインメントの3つと、内燃機関が残ることと残らないことは別の問題だ。EVだろうとプラグインハイブリッド車（PHV）だろうと、クルマの価値や性能をソフトが左右する「ソフトウエア・デファインド・ビークル（SDV）」になっていくことは変わらない。ソニーが貢献を目指すセーフティー、アダプタビリティー、エンターテインメントはパワートレインがどうなろうとモビリティに提供できる価値になる。「まずやってみる」姿勢こそが大事だ。ソニー・ホンダを通じてソニーとして目指すことを具現化していきたい。

Chapter 3

ホンダの変容 決断した「鎖国終了」

毎年1月に千葉市の幕張メッセで開催される「東京オートサロン」。世界最大級の改造車の祭典とうたい、自動車ファンが集まる一大イベントとなっている。大手自動車メーカーも新型車やコンセプト車をこぞって発表している。300以上の出展者が集まった2023年の主役はトヨタ自動車だった。

トヨタは1983年に販売したハッチバック「AE86（通称ハチロク）」の兄弟車である「レビン」と「トレノ」をそれぞれ電気自動車（EV）と燃料電池車（FCV）にしたコンセプト車を公開した。AE86はカーレース漫画「頭文字D（イニシャルD）」の主人公、藤原拓海の愛車として知られる。作中では車体側面に「藤原とうふ店」と書かれていたことからEVコンセプト車には「電気じどう車」と記載するなど、ファンを楽しませた。

開幕日の13日にプレスカンファレンスに登壇した社長の豊田章男は「レビン（LEVIN）は半世紀前にできた車名だが、実はEVの2文字が隠れている。50年がかりでようやくバッテリーとモーターを搭載した。ただマニュアルミッションはそのまま。

ホンダの三部が足を止めた、東京オートサロンでのBYDブース（23年1月）

クラッチ操作やシフト操作が楽しめる。『カーボンニュートラルの時代でも、愛車に乗り続けたい』ということへのチャレンジだ」と語った。

ホンダトップが BYDをお忍び偵察

トヨタ自動車など他の自動車メーカー大手が華々しくコンセプト車を発表する中、この日にホンダ社長の三部敏宏の姿は会場にはなかった。

ただ、開幕3日目の日曜日、三部はカジュアルな服装とマスクに身を包み、人でごった返す会場を訪れていた。各社の展示を回った中で、三部が足を止めたブースがあった。「HELLO」、「TOKYO」——。カラフルな電飾材をあちこちに掲げ、SFのような世界観を打ち出した中国のEV大手、比亜迪（BYD）のブースだ。

BYDがオートサロンに参加したのはこの23年が初めてだった。同社は前年の7月、23年に日本の乗用車市場に参入すると発表していた。中国市場で一定のシェアを獲得した同社は国外市場の開拓に力を入れ始めた。日本市場もターゲットの1つで、日本の自動車メーカーがEVのラインナップを増やす前に、市場を確保しようと進出を決めていたのだ。

三部は実際にBYDの実車に乗り込んでみた。これまでBYDの実車に触れて体感する機会がほとんどなかったからだ。「ちょっと購入を検討しているのですが……」。三部はブースの説明員に自ら声を掛け、機能についても話を聞いた。説明員は相手がホンダのトップだとは全く気付かない。

「内装もよくできている」。それが三部の素直な感想だった。クルマに乗り込んだだけだが、それでもBYDが世界で販売を伸ばしている理由も分かった気がした。同時に、同社が強敵だと再確認した瞬間でもあった。

ＢＹＤは電池の研究者だった王伝福が1代で大きくした企業だ。

王は１９６６年に安徽省の農民の家庭に生まれた。13歳のときに父親を病気で亡くして家庭の経済状況は悪化。その後、母親も亡くなった。王の兄は学業を諦めて、生活費のために働きに出るが、王には勉強を続けることを求め、大学進学を促した。苦学の末に大学に進んだ王は電池を専門に学び、大学院を卒業したあとも研究室に残って、電池の研究を続けた。

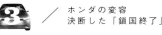

そして95年2月、広東省深圳市内の工場内に借りたスペースで始めたのがＢＹＤの事業だ。当時の従業員は20人あまりで「私が最初のエンジニアだった」と王は語る。携帯電話向けの電池を手掛けて事業を拡大。王はいつしか「電池大王」と呼ばれるようになった。

ただ、それだけでは満足しなかった。２００３年に経営難だった国有企業の秦川汽車を買収し、自動車工場を手に入れて自動車事業に参入。05年に乗用車「Ｆ３」を発

24年の北京国際自動車ショーに登壇したBYD董事長の王伝福（中央）

売した。中国メディアの報道によると、王は07年に「15年に中国一の自動車生産企業になり、25年に世界一になる計画だ」と語ったという。当時のBYDの年間販売台数は10万台にも満たなかった。米ゼネラル・モーターズ（GM）やトヨタグループは年間900万台以上のクルマを販売しており、王の発言は「狂言」と受け取られた。

だが08年、世界から注目される大きな転機が訪れる。米国の著名投資家、ウォーレン・バフェットが率いる投資会社バークシャー・ハザウェイが約10％出資したのだ。大企業への出資が多かったバフェットが中国の新興企業に出資するのは異例だった。バフェットは当時、「中国は大市場だ。他にも投資の機会があるだろう。BYDには10％だけでなく、もっと出資したかった」と語った。

この年、BYDは自社独自のプラグインハイブリッド車（PHV）技術「DM－i」を発表。電池の性能を最大限に活用できるEVとPHVの販売に力を入れるようになった。

22年には純粋なエンジン車の販売を終了し、BYDは自動車事業ではEVとPHVのみを販売する会社となった。車種名を海の生物で統一する「海洋」シリーズと、歴代の中国王朝の名前を用いる「王朝」シリーズで手掛けるEVやPHVの価格帯は約10万～20万元。日本円で200万～400万円程度と、手ごろな価格でクルマを買いたいと考える消費者の要求に応えている。

23年の世界販売台数は302万台。5年前はホンダの10分の1の販売規模にとどまっていたが、一気に100万台差まで詰めた。EV販売に限ると23年10～12月は52万

BYDは22年ごろから急激に販売が拡大した

●BYDの販売台数推移

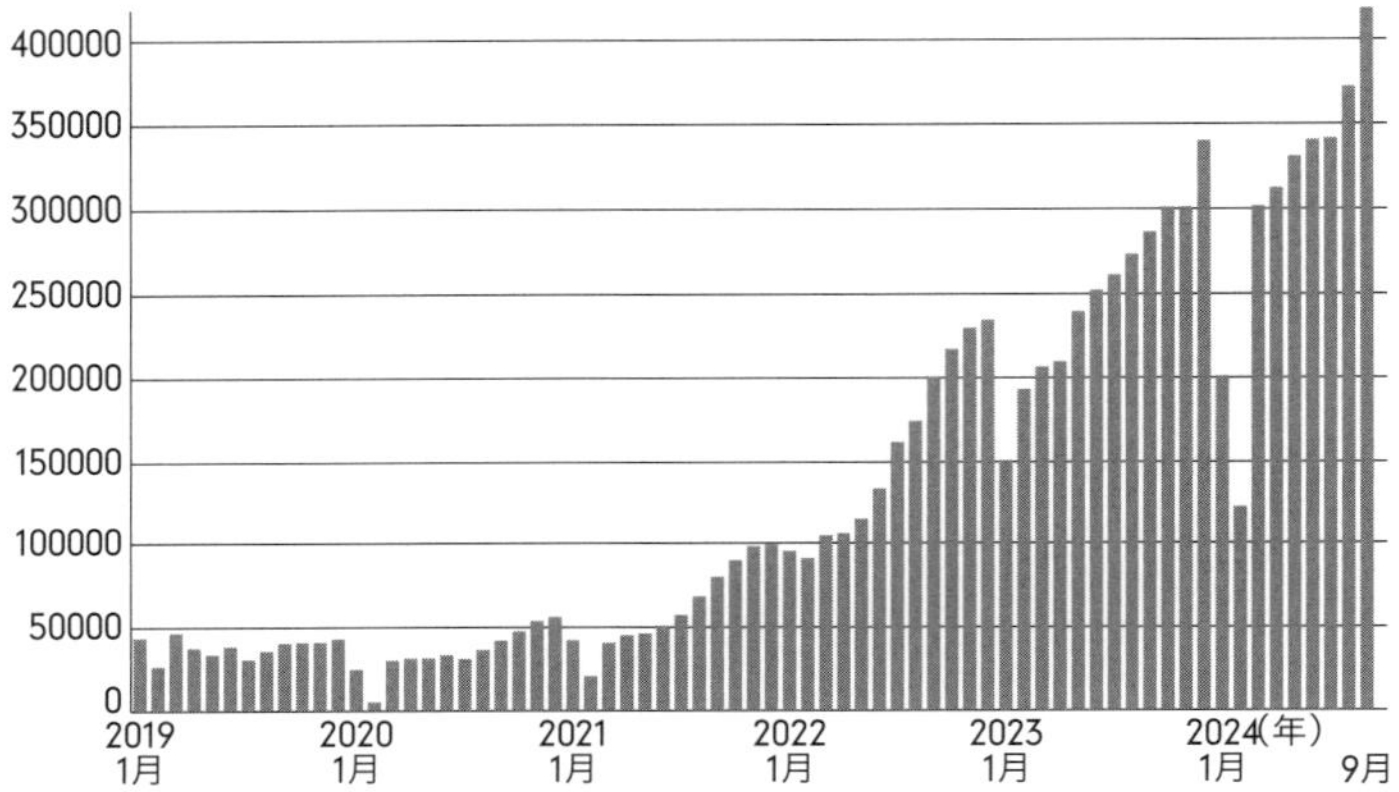

台と、米テスラ(48万台)を初めて上回り、世界首位となった。約30年前にわずか20人から始まった中小企業は、王の不屈の精神によって世界一のEVメーカーと販売台数で互角に戦うまでに成長。EVとPHVしか売らないBYDがメーカー別の新車販売全体でも世界10位に初めて食い込むなど、業界の秩序を破壊していた。

そんな状況下でのオートサロンの光景に、三部はいらだった。トヨタなどがEVのコンセプト車を披露したものの、改造車の祭典であるため、会場にはエンジン車の展示が圧倒的に多かった。約2年前に、自らホンダの「脱エンジン」を宣言。BYDやテスラなどの成長が日本勢に脅威になると日本の自動車業界に訴えてきたつもりだった。それでも、オートサロンで見る景色にはほとんど変化が見られない。「これだと日本が世界から置いていかれてしまう」。危機感はさらに強まるばかりだった。

オートサロンを訪れた2日後の1月17日、三部はホンダ本社で20人近い役員に23年4月1日付の人事を内示した。これまでのホンダは新年度の人事や組織改正について2月下旬に発表するのが恒例だった。だが、前倒ししたのだ。この年の対外公表は1月24日と1カ月近く早かった。EVシフトに向けた経営スピードの加速が不可欠な時代。自らが選んだ幹部が準備の時間をしっかりと持った上で4月からのスタートに臨んでほしいとの思いから、前例踏襲をやめたのだ。

三部がこの4月からの人事で期待を託した筆頭格が、取締役執行役専務から取締役代表執行役副社長に昇格した青山真二だ。青山は1986年入社で、三部の2つ年下だ。二輪事業が長い一方で、米国法人のアメリカン・ホンダモーターの社長も務めた。数字に強く暗算が速いことで社内では有名で、社内会議の資料中の表などに計算ミスを見つけると、真っ先に指摘するという。三部は青山に大きな信頼を寄せており、右腕となる副社長として会社のかじ取りを支えてもらうことを望んだ。

常務執行役員で、北米地域の本部長だった貝原典也は、6月の株主総会をもって取締役執行役専務に昇格した。84年入社だが、三部とは同じ年齢。若手時代にドイツに駐在した三部は、そのときからよく助けてもらっていた間柄だという。「改革派」で鳴らしてきた三部やそれを支える青山が前例にとらわれない経営にまい進する一方、貝原に求めたのはお目付け役として「ブレーキ」を掛ける役割だった。

組織も変えた。新たにＥＶ開発に特化した「ＢＥＶ開発センター」を設けたのだ。これまで同じ組織の中でＥＶとエンジン車を開発してきたが、三部はかねてからこれを分けるべきだと主張していた。「ＥＶ開発で既存のアセットを生かそうとすると、どうしても（エンジン車など）そちらに引っ張られてしまう」からだ。

このＢＥＶ開発センターを束ねる電動事業開発本部の本部長には、青山の同期にあたる井上勝史を指名した。井上は２０２３年3月までは中国本部長だった。ＢＹＤを筆頭にＥＶで激しい競争が繰り広げられている中国市場の実態を熟知している。三部は井上を「今を変える最終兵器」と表現し、ホンダの電動事業を引っ張るのに最適だと踏んだ。２年前に社長に就任した三部だが、自分の思いを反映した人事になったと思えたのはこれが初めてだった。ＥＶシフトを本気で進める社内の体制が、このときやっと整った。

エンジン技術者三部の危機感

なぜ、三部はそこまで改革を急ぐのか。猛烈にＥＶシフトを進める三部だが、決してエンジンが嫌いなわけではない。むしろ逆だ。

広島大学大学院工学研究科を修了後、１９８７年にホンダに入社した。ホンダは第1志望群の会社の1社ではあったが、ほかに魅力を感じる会社もあった。それでもホンダに入社を決めたきっかけとなったのが、当時愛車として乗り回していた小型スポ

三部がホンダに入社を決めるきっかけにもなったスポーツカー CR-X（写真＝本田技研工業）

ーツカー「バラードスポーツCR―X」だった。

ホンダの主力セダン「シビック」から派生し、83年に発売されたこのクルマには「機械部分を小さく、人の空間を大きくとる」という、ホンダが重視する自動車設計の基本概念「MM（マン・マキシマム メカ・ミニマム）思想」が取り入れられた。車両重量は約800キログラムの「ライトウエート」スポーツカーに位置づけられ、日本だけでなく米国の若い消費者にも支持された1台だ。

当時の発表資料には「個性化時代をリードするヤング・アット・ハートの人た

ちに応える」とある。MM思想に基づいたエンジンを搭載したほか、居住性を失わず、開放感を得ることができる「電動アウタースライド・サンルーフ」を世界で初めて採用。「へこんでも元に戻る」という樹脂バンパーも使った。

「自在に運転ができる独創的な技術やアイデアが詰まったクルマだった。こんなクルマをつくれるということはきっと面白い会社に違いない」と三部はホンダの門をくぐった。

このころのホンダの規模は「中小企業に毛が生えたくらい」(三部)で、伸びしろが大きそうだというのもホンダを選んだ理由だった。入社4年目で、エンジン関連情報の収集を目的に、ドイツにあるホンダの開発拠点に駐在することになった。夜だけではなく、会議の間の昼食時にもワインを飲む文化の違いに驚いた。仕事の合間には自動車レースに参加することにハマって、世界屈指の難コースである独ニュルブルクリンクのスクールにも通った。市販車を改造したレーシングカーで競う、国内最高峰の「スーパーGT」に出場できるからと、「国際Bライセンス」と呼ばれる国際競技運転者許可証Bの取得を目指した。だが熱中しすぎたあまり、上司から「レース禁止令」が出たほどだ。負けん気の強い性格と、クルマやエンジンを愛してやまない三部の性格がよく分かる。

もちろんビジネス面での収穫も多かった。「世界の様々な国の人たちとつながりができて、国際感覚が身についた」と三部は振り返る。この時期に出会った欧州のメガサプライヤーや自動車会社の社員とのつながりが、ホンダ幹部となった後の提携話のカギとなることもあった。

ただ、そんな三部だが、日本での業務内容は入社前に思い描いていた通りにはならなかった。自身が学生時代に内燃機関の研究をしていたことからホンダでは自動車レースの最高峰、フォーミュラ・ワン（F1）のエンジン開発に携わることができるかもしれない、との淡い期待があった。

F1の歴史はホンダ抜きには語れない。創業者の本田宗一郎の「観衆の目前でシノギを削るレースこそ世界一になる道だ」という考え方のもと、1962年に三重県鈴

マクラーレン・ホンダは日本のF1ブームの火付け役にもなった

鹿市に鈴鹿サーキットを建設。63年にホンダ初の四輪車である軽トラック「Ｔ３６０」を発売後、小型スポーツカー「Ｓ５００」を投入し、その翌年にホンダはＦ１初出場を果たす。Ｆ１参戦は「世界一のクルマをつくりたい」と話していた宗一郎の悲願でもあった。創業からわずか16年後のことだった。

大気汚染に対応するための低公害エンジンの開発に集中するため、68年に一度はＦ１から撤退したホンダだが、２代目社長の河島喜好が「レースはホンダの企業文化だ。勝ち負けではなく、ホンダ車に乗っていただいているお客さまに、最高の技術をお見せするため、そして楽しんでいただくため、レース活動を再開する」と宣言し、83年に再び参戦。翌84年にはホンダがエンジンを提供する「ウィリアムズ・ホンダ」が米国開催のダラスグランプリ（GP）で復帰後初優勝を果たし、快進撃が始まる。86年にはウィリアムズ・ホンダとしてコンストラクターズ（製造者）チャンピオンを獲得。87年には日本GPが鈴鹿サーキットで初めて開かれた。

88年にはホンダがエンジンを提供する「マクラーレン・ホンダ」が16レース中15レースで優勝という圧倒的な成績を残した。「音速の貴公子」とも呼ばれたドライバー、アイルトン・セナが大活躍したのだ。バブルの絶頂に向かう日本の空気と相まって、日本ではF1が社会現象となるほどのブームとなっていた。その活躍は世界でもホンダのブランド力を押し上げた。F1に携わりたいとホンダの門をたたいた若者も少なくない。

だが、三部の期待はすぐに打ち砕かれる。「君がF1をやることはない。会社はF1で飯を食っているわけではない」と上司に告げられたのだ。それから三部が取り組むことになったのが、当時のF1エンジンとは正反対といえる環境対応型のエンジンだった。特に三部の価値観を決定づけることになったのが、米国の排ガス規制に対応する「SULEV（極超低公害車、スーパーウルトラ・ローエミッションビークル）」のエンジン開発だった。米カリフォルニア州でこの排ガス規制が適用されることを受け、三部は1990年代、上司から「この規制に対応するエンジンを世界初で世に出せ」と命じられた。ホンダは95年に世界で初めてLEV（低公害車、ローエミッションビークル）の基準を達成していた。ホンダが「世界初」にとことんこだわっていた時代だった。

三部らは試行錯誤を繰り返し、開発したエンジンは排ガス規制対応の認可を世界で初めて取得した。開発途中に吸気より排気がきれいなエンジンであることが確認できたときは「達成感でいっぱいだった」と振り返る。三部が北米を中心とした世界の環境規制や政策について詳しいのは、このときの経験がある。

温暖化や異常気象を受けて、世界の環境に対する取り組みはその後さらに進んだ。

2015年に採択された「パリ協定」では、「世界的な平均気温の上昇を産業革命以前に比べて2度より十分低く保つとともに、1・5度に抑える努力を追求すること」が掲げられ、気候変動枠組み条約に加盟するすべての国が合意した。

21年6月には英国でG7がコーンウォール・サミットを開いた。そこでは世界的な気温上昇を1・5度に抑えることを射程に入れ続けるために努力を継続すること、そしてこのために遅くとも50年までのカーボンニュートラル（温室効果ガスの排出実質ゼロ）を目指すことで一致した。

この「1・5度シナリオ」は企業活動に大きな影響を与えることになる。ホンダの研究開発子会社、本田技術研究所の社長である大津啓司は「1・5度シナリオが出始めたころから社会の変化を実感し始めた」と語る。

「50年にカーボンニュートラルをやらないといけない。それなのにエンジンをつくっていていいのか。もしそのときになって『やっぱりエンジンが必要だ』となってもホンダはいつでも戻ることはできる。でもエンジンにしがみついて、電動化をやってい

社長交代会見に挑む三部敏宏（2021年2月19日）

ませんでした、という未来が訪れることはすごく怖い」（大津）

環境対応のエンジンを手掛けてきた三部にとって、こうした社会の変化が、「脱エンジン」を決心させる原動力になった。21年2月19日、ホンダは4月に三部が専務から9代目社長になる人事を発表。同日に行われた社長交代の会見で、当時社長だった八郷隆弘は三部を後継に選んだ理由を次のように明かしている。「世の中の動きに敏感で、センスよく対応できる。変化がないとダメなところが強みだと思って、私も指名した」。

記者から「自身の強みは?」と聞かれた三部は「私個人の強みですか?」と聞き返し、少し間を置いたあとににこやかな表情で続けた。「自分は激動の時代に向いていると思う。安定した時代よりも、こうした時代に自分が存在するということにワクワクしている」。そして、重責を担う自分自身に言い聞かせるようにこう続けた。「プレッシャーにはかなり強い方だと思う」

その裏には「地べたをはいつくばって世界と勝負してきた」と言い切る、仕事に対する自負がある。エンジニア時代は徹夜で仕事をしてそのまま朝を迎える日も多かった。SULEVのエンジン開発だけではなく、高いハードルに常に挑戦してきた。結果が出ないことも多かったが、そのたびに「諦めない限り負けることはない」と自分に言い聞かせてきた。ソニーとホンダの協業を決めたときにも周囲にこう語っていた。「(協業は)成功するまでやめるつもりはない。だから失敗することはない」

提携先は海を越える 一匹狼からの脱却

22年8月29日早朝。三部は羽田空港に向かっていた。ジェット機の行き先は韓国。以前から検討を続けてきた、韓国の車載電池大手LGエネルギーソリューションとEV用電池の生産会社設立の契約書にサインするためだった。

「課題はバッテリーだ。これからはバッテリーが非常にキーになる」。三部は21年4月の社長就任会見で、車載電池の手当てに動く方針を強調していた。40年に全ての新車をEVまたはFCVにするという目標を達成するには車載電池の確保が最大の課題で、まずこれから手を付けたのだ。

三部は、21年4月に掲げた目標に対する事業の進捗の度合いを、毎年4月に対外的に説明する会見を開くと決めている。三部が社長に就任する前のホンダにはしばらくなかった定例会見で、同社が現状で取り組んでいることを整理し、分かりやすく社会に説明することにこだわって始めた。

合弁会社設立を発表した三部（右）とLGエネルギーソリューションCEOのクォン・ヨンス

だが、韓国に渡る４カ月前に実施した22年４月12日の記者会見で公表した資料には北米での電池の調達計画について具体的な電池会社の名前はない。「米ゼネラル・モーターズ（ＧＭ）から（車載電池）『アルティウム』を調達　ＧＭのほかにも、生産を行う合弁会社の設立を検討中」との文言があっただけだ。実はこの「ＧＭのほか」がＬＧエネだった。

両社は約44億ドル（当時の為替換算で約６１００億円）を投資し、米国にＥＶ電池工場を新設すると決めた。ＬＧエネＣＥＯのクォン・ヨンスは「新たな合弁会社は、高いブランド評価を持つホンダの電動化推進に協力する」とコメントした。

ホンダの巨額な米国投資の背景にあったのが、バイデン政権のもとで22年8月16日に成立したインフレ抑制法（ＩＲＡ）だ。ホンダがＬＧエネとの合弁会社設立を発表したのはこのわずか13日後だった。ＩＲＡには過去最大の気候変動対策を盛り込み、再生可能エネルギーや省エネ技術の導入を加速。30年の温暖化ガスの排出を05年比で半分にする目標の実現を目指すとした。

自動車業界にとって最大の焦点となったのが、一定の条件を満たした車両が税額控除を受けられる「クリーンビークル税額控除」だ。控除の対象は、北米で生産されたＥＶとＰＨＶ、ＦＣＶに限る。その上で、最大７５００ドルの税額控除のうち、まずその半分にあたる３７５０ドルの控除対象となるには、車載電池の部品の一定割合が北米で生産されていないといけない。さらに残りの３７５０ドルも、車載電池の材料となる重要鉱物の一定割合が、米国か同国が自由貿易協定（ＦＴＡ）を結ぶ国などから調達されていることが条件となった。

米国の狙いは、ＥＶの販売支援だけではない。車両や車載電池の生産、重要鉱物の調達を北米などに限るのは、中国などを念頭においた生産地への依存を避けるためだ。米国はＥＶで成長する中国の台頭を警戒していた。20世紀に自動車産業の世界をけん引した米国は、ＥＶで自動車生産の国内回帰を促し、雇用を生み出す狙いもあった。

四輪車の世界販売のうち、米国が３割強を占めるホンダにとって、この法案はとうてい無視できるものではない。ホンダを含むほとんどの日本車は高級車ではなく、大衆向けの価格帯で消費者の支持を得ており、税額控除の有無で売れ行きが左右される可能性があるからだ。三部らホンダ幹部は法案成立を念頭に置き、北米でＥＶを「地産地消」する計画について検討を続けていた。

22年当時、ホンダが車載電池で長期的なメドを付けていたのは、車載電池世界最大手の中国の寧徳時代新能源科技（ＣＡＴＬ）からの調達だけだった。ホンダは20年にＣＡＴＬに約１％出資していた。同社との出資交渉にも三部は携わっており、車載電池の確保には並々ならぬ思いで取り組んだ。ただ、米国のＩＲＡ法案のもとでは、中国企業であるＣＡＴＬの電池を使ったＥＶは補助を受けることができない。そのためホンダとしては、中国企業から車載電池を調達することなく北米で電池をつくる条件を早急に満たす必要があったのだ。

ホンダがＬＧエネと米国に車載電池工場を新設すると発表した2日後、トヨタが米国で車載電池の増産に３２５０億円を投じると発表した。工場建設を計画する米ノースカロライナ州の電池工場に、ＥＶ向けを中心に２つの生産ラインを追加するとした。独フォルクスワーゲンも23年3月、カナダでＥＶ向け車載電池工場を建設すると発表。ＩＲＡの成立を受け、ホンダを皮切りに日系勢を含む世界各社が雪崩を打つように北米への投資を明らかにしていった。カリフォルニア州が、35年にエンジン車やハイブリッド車（ＨＶ）の販売を禁止する方針を示したことも、日系勢に北米でのＥＶ投資を促した形となった。

ホンダは米国で車載電池工場を新設すると発表した後、車載電池に関連する供給網の構築で各社と積極的に手を結び始めた。22年9月には電池の材料となるレアメタル

米国やカナダでＥＶや電池の拠点を整備

●ホンダの北米での主なEV生産網

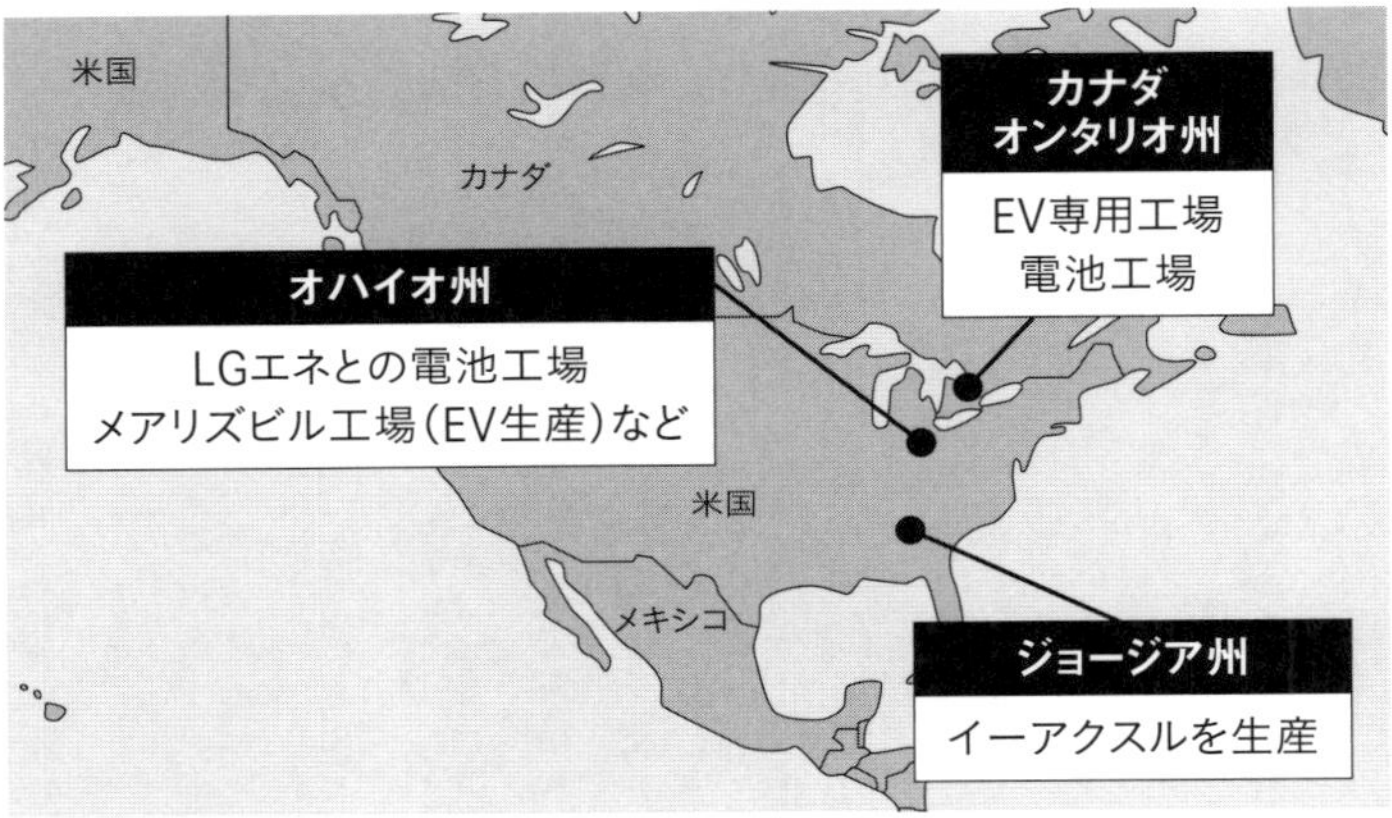

（希少金属）の優先調達で非鉄に強い日本の商社、阪和興業と提携したほか、23年4月には車載電池の正極材と負極材で韓国の鉄鋼大手、ポスコホールディングスと組んだ。三部は「車載電池は戦略的重要部品だ。各国政府の規制動向を考慮し、長期的視点で資源確保からリサイクルを含めた新たな供給網の構築を重要課題として取り組んでいる」と強調した。

ホンダの主力工場がある米オハイオ州で既存設備を刷新しＥＶの生産を始める。カナダ・オンタリオ州にも1兆7000億円の巨額を投じてＥＶと電池の工場を建設することを決めた。

ソニー・ホンダはＥＶの生産について「ホンダの北米工場が担う」としている。車載電池もホンダから調達する計画だ。ホンダの北米でのＥＶ調達網の構築は、そのままソニー・ホンダのＥＶ生産のベースとなるわけだ。ホンダを離れ、ソニー・ホンダの経営に専念する同社会長兼ＣＥＯの水野泰秀も「ホンダの北米での電動化に向けた準備は正しいと思う」と語る。

「三部さん、韓国の会社の方が来ました」。約10年前、三部が栃木県芳賀町の本田技術研究所でパワートレイン関連事業を担当していたときのことだ。三部は部下に声を掛けられた。現在ほど規模が大きくなかった韓国ＬＧ化学の電池部門から「テストをしてほしい」と訪ねてきたのが、現ＬＧエネＣＥＯのクォンだった。

突然の来訪に三部は驚いたが、車載電池の評価試験を実施した。電池を評価するには工程数も多く時間がかかるものだが、結局受け入れたのだ。

事前のアポイントもなく訪れた客を門前払いにすることもできたかもしれないが「技術に大小はない」（三部）。つまり、技術での交流に会社の規模は関係ないと考え

GMとホンダが共同開発したEV「プロローグ」（写真＝本田技研工業）

たのだ。三部はこの電池の試験結果を自らクォンに伝えた。ホンダがその電池を採用することにはならなかったが、クォンとの縁はそのときからつながっていた。クォンも忘れていなかった。三部はこのときにできた縁が、ＥＶ激戦時代の車載電池での提携に結びついたと感じている。

かつてホンダは他社との協業に踏み込まず、自社で一括して開発や生産をすることにこだわってきた。トヨタは「仲間づくり」を掲げスズキやマツダ、ＳＵＢＡＲＵ（スバル）と株式を持ち合い協業関係をつくった。日産自動車は仏ルノーとの長年の連合関係があった。そうした中でホンダは一匹狼を貫いてきた。
だが、電動車への転換、ソフトウエアを搭載した「車のスマホ化」が進む時代に、1社で戦うには限界が出てきた。三部は周囲に「鎖国のままではグローバルで勝てない」と語っていた。22年4月の会見では「スピード感を持ってホンダが描く将来を実現するためには、ちゅうちょなくアライアンスを組む」と宣言した。

象徴的なのが、GMとの協業だ。ホンダは13年にFCVに使う燃料電池のスタックや水素タンクの開発でGMと提携した。GMとは1999年からエンジンの相互供給などで、手を組んでいた。

16年、当時執行役員として本田技術研究所で四輪開発を統括していた三部は日本経済新聞のインタビューで、GMとのFCVでの協業について問われこう語った。「両社の持つ技術を足すと非常にいい商品になる。ほぼ同じくらいの設備があり、エンジニアの数も増える。普及を見据えて20年ごろにさらにコストを下げないといけない」。さらに、研究所内の知見を開放することについても「懸念は今は全くない。単独だと(FCVの普及に不可欠な)水素社会の実現はどんどん後ろにずれる。助けてもらう

EVをめぐりホンダは他社との提携を拡大

●ホンダの相関図

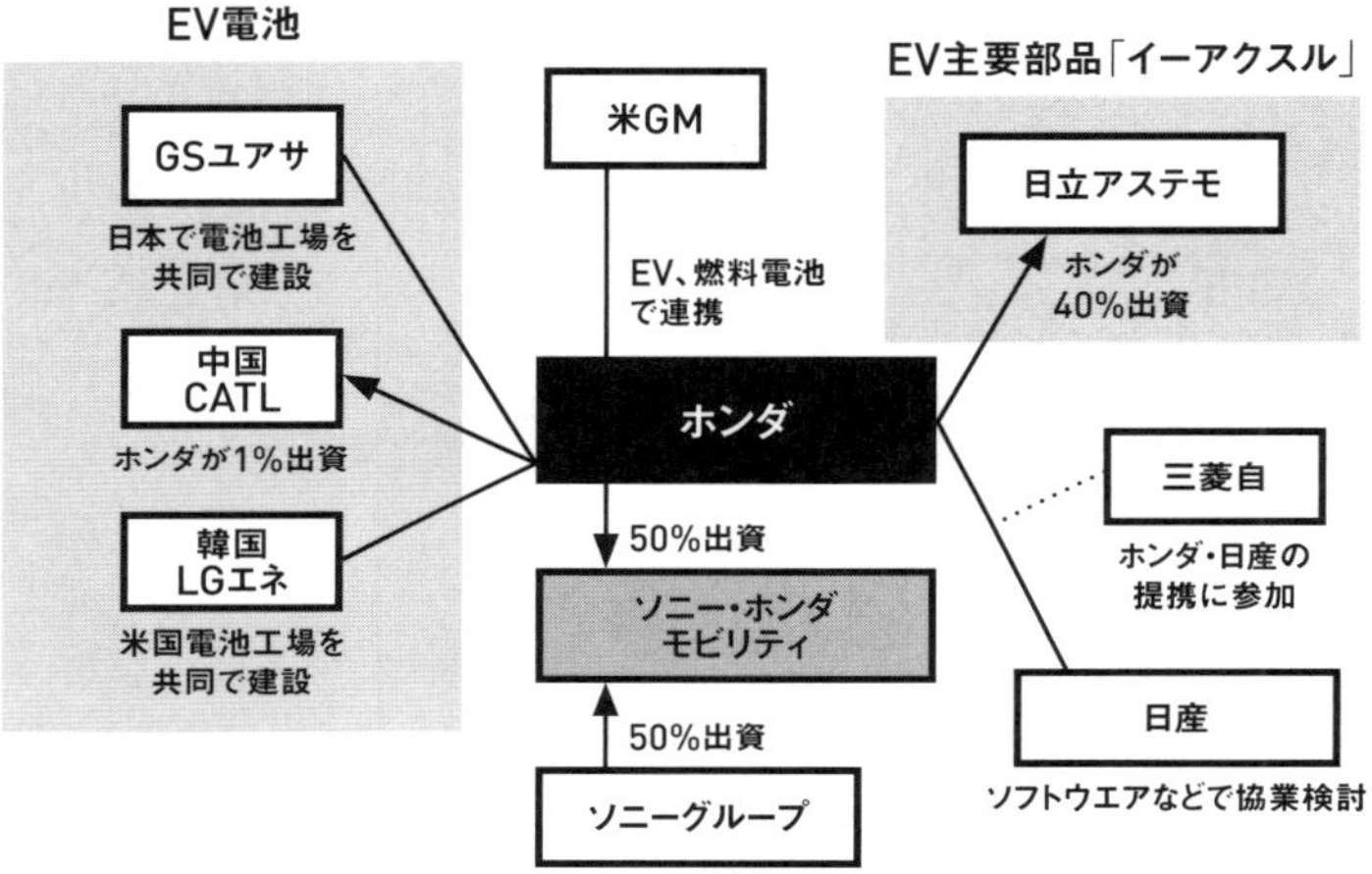

スタンスで提携するのではない。ホンダの技術開発を加速して、早期にいい商品を世の中に出すのが目的だ」と述べた。それでもクルマ本体には踏み込まなかったが、GMとEVの共同開発を決断した。高級車ブランド「アキュラ」の大型車から始め、一時は主力の量販車まで共同開発する計画だった。「ホンダとGMでEV開発のスタンスが全く違っていた」(部品会社幹部)ことなどを理由にプロジェクトは23年秋に白紙となった。それでもFCVのほか、自動運転サービスなどではGMとの協業関係を続けている。24年に入

ってからは日産・三菱自との戦略提携の検討を表明した。

「一匹狼」の色が強かったホンダだが、三部の就任前後でそのイメージは大きく変わった。独自路線で成長してきたホンダを見てきた関係者やホンダOBからは、こうした方針に異を唱える者もいた。だが、三部は意に介さない。「変革期で物事を変えようとする人は嫌われる。今は変革できるメンバーで臨んでいる。摩擦はあると思うが、変革していくことが重要」と前を向く。

そして、他社との連携の目玉となったのが、ソニーとのEV会社設立である。新たなモビリティ時代での生き残りをかけ、鎖国体制の終了を決めて開国の道を選んだのだった。

Interview

市場の激変はリスクではなく機会
先が見えなくても走り続ける

ホンダ　社長CEO

三部 敏宏氏

みべ・としひろ

1961年生まれ。87年広島大学大学院工学研究科修了、ホンダ入社。2014年執行役員、16年本田技術研究所取締役専務執行役員、18年ホンダ常務執行役員兼本田技術研究所取締役副社長。19年に本田技術研究所社長、20年ホンダ専務取締役を経て21年4月から現職。

――なぜ、ソニーグループを協業相手に選んだのですか。

今でこそ（車の価値や性能をソフトが左右する）「ソフトウエア・デファインド・ビークル（SDV）」という言葉が知られるようになったが、3年以上前はまだ認知度は低かった。しかし、これから電動化だという時代に、ただ電気自動車（EV）をつくればいいとは当時から思っていなかった。EVに新しい付加価値をつけないとうまくいかないのだろうと考えていた。

米アップルが「アップルカー」をつくるという話が出てきた時期でもあった。こうした動きに対抗するには新しい価値をつくらないといけないと思った。社内でもいろいろ検討したが、どうしても自動車会社の延長線上、または自動車会社という枠から出られないという感覚があった。新しい価値というものが、なかなかホンダの社内からは出てこなくて、想定の範囲内という状況が続いた。なんだかつまらないな、どうしようかな、とずっと考えていた。

私が2021年4月に社長になり、その夏に具体的に異業種との組み合わせというのが突破口になりそうだと考え始めた。大企業とでもいいし、スタートアップとでもいい。その中で、ＥＶの試作車をつくっていたソニーとの協業も検討し始めた。

――結果的に、ソニーとホンダの両社が50％ずつを出資して新会社を設立しました。この形に至るまで、どのような議論がありましたか。

ソニーと協業するとなると、３つのやり方があった。ホンダのクルマにソニーの技術を搭載するのか、ソニーが手掛けるクルマにホンダがハードの部分を供給するのか。それとも全く新しいブランドで、新しい価値を目指すのか。検討をしたが、技術を供給してもらう、またはその逆というのはつまらないなと思った。

では、新しいブランドをつくるとなると、例えばどちらかが51％以上を持ってしまうと、どちらかが主導権を持つことになってしまう。50％ずつで（対等に）やるのが、いろいろな意見を侃々諤々（かんかんがくがく）できるので一番いいと思った。当然、文化の異なる２社なのだから、いろいろなことが起こるとも想定できた。だがもともと、違うからこそ異業種と組みたい、というのがスタート地点だ。「やってみればいい」。そういう気持ちで始まった。

――日本の自動車会社が大手企業と組み、ＥＶを手掛ける会社を新たにつくる前例はこれまでにありませんでした。悩みはありませんでしたか。

悩むということではないが、考えていたことがある。当時は「失われた30年」という言葉を聞く機会が多かった。その中で自分としては、いろいろと（ビジネスを）動かさないと、変化を起こせないという気持ちがあった。ソニーとホンダでＥＶをつくるということだけではなくて、日本の異業種の組み合わせによって世界をリードするような新しい価値をつくるいい事例にしたいと強く思った。

これはソニーの吉田さんとも話した。ソニーとホンダというただの2社の話にはとどまらない、停滞気味の日本社会や経済に、少しでもいいインパクトをもたらしたい。そういうことを考えてはいた。

――日本経済の停滞感を懸念していたとのことですが、自動車業界にはどのような課題がありますか。

危機感がずっとある。既存の自動車会社は負のレガシーが大きくなっていて、優位である領域はもう少ない。自分たちがつくってきた物差しに縛られている。5年後にこのままの形で存在することはもうないだろう。あぐらをかいていると生き残れない。だから、仏ルノーはEVの新会社「アンペア」をつくったほか、米フォード・モーターもEV部門をつくるなど、新たな動きが出てきている。

私たちもEVも開発しているが、従来のエンジン車もハイブリッド車（HV）も販売している。そうすると、今はエンジン車やHVが売れているから大丈夫だ、と思ってしまう。でも、EVやプラグインハイブリッド車（PHV）など電動車しか販売していない会社は、それをいかに売るかを集中して考えている。だから、先行している中国の比亜迪（BYD）や米テスラはさらに早く開発や販売を進めていく。我々のように、徐々にEVに移行しようと考えると、その間にどんどん差を付けられ、世界シェアを奪われていく。こうした厳しいゲームの中で生き残らないといけない。

中国勢も決してバラ色なわけではない。赤字を出し続けながらEVを売っている企業ばかりだ。また、経済原理だけでの競争ではなく、政治的な問題も絡む。このように見通しが不透明な中で、新しいビジネスをつくっていかないといけなくて、非常に難しい。毎日社内で議論をしているが、正解はない。でもじっとしていれば負ける。だから見えない中でずっと走らないといけない。夜中にずっと全力疾走をしている、そんな感覚だ。

ただし、激動の時代だからこそ変わることができるとも思っている。ホンダは世界の自動車業界の販売台数で7番目くらいの会社だ。安定した時代ならおそらく変わることはできなくて、頑張っても6番目になるくらいだろう。でも、こうした激動の時代では、変化に合わせて動いた会社が生き残ると思うので、我々は変革を急ぐ。EV市場は停滞しているとも言われるが、中長期的な流れは変わらない。アクセルを緩めてはいけない。これを人はリスクと呼ぶが、我々は機会と呼ぶ。

——自動車業界を取り巻く環境の変化は早く、中国勢の開発スピードも速くなっています。ソニー・ホンダは、このスピード感にどう対応していくのでしょうか。

会社には、もともと持っている「腹時計」のような時間軸がある。これをするならこれくらいの時間がかかる、というものだ。ホンダにも何十年にもわたってできた腹時計がある。ソニーとの協業について検討を始めた当時から、中国勢のスピードの速さは認識していて、ホンダの腹時計では全然間に合わないと感じていた。中国勢は既存メーカーの半分くらいの期間でクルマをつくってしまう。我々もだいぶ開発期間の圧縮に取り組んできたがまだまだだ。

一方、業種が異なると企業の腹時計は違う。ソニーは我々よりも短い時間軸で動いている。ソフトウエアの業界では当たり前なのだろうが、開発スピードは速い。異なる業種と組むと、その業界で当たり前だと思っていたことを疑い、見直すようになる。これは変革を起こす上でプラスに働く。異業種と連携するということは、時間軸も加速できると思っていて、それも提携の狙いの1つだ。

――ソニー・ホンダに対して意見や要望を伝えることはありますか。

もともと、協業を決めたり、共同出資会社をつくったりする枠組みを設け、メンバーを選択するところまでが私の仕事だった。（今のソニー・ホンダに）私が何かを言ってしまうと、ホンダ文化となってしまって、なんのために新会社をつくったのか分からなくなってしまう。だから、ホンダは基本的に口を出さない。

もう事業の中身もこまごまと聞いていないし、最終的にどんなクルマをつくるのかというのは皆さんと同じで、結果を見ないと分からない。ただ、明らかにホンダ単独で投入するクルマとは違うモノが出てくるだろうな、とは思っている。それがやはり、新しい価値を生み出すチャンスでもあると思っている。

――今後のソニー・ホンダに期待することはなんですか。

ソニー・ホンダが開発したＥＶの何かを、ホンダのクルマにフィードバックすることは、やろうと思えばできるが、あまりそのようなことは考えていない。そんなことよりも、ホンダにとって、ソニー・ホンダは完全に競合相手であり、ソニー・ホンダがつくった新しい価値に対してそれを上回る価値をつくることが重要だ。それがホンダにとって刺激となり、なかなか打ち破れなかった「自動車会社としての殻」を打ち破るチャンスになるはずだ。私がソニー・ホンダに期待するのはそういう側面だ。

例えば中国の自動車市場。通信大手の華為技術（ファーウェイ）は複数の自動車企業と組みＥＶブランドを展開している。スマートフォン大手の小米（シャオミ）もＥＶに参入した。やはり、自動車会社だけでＳＤＶをつくるのは難しくて、どうＩＴと組み合わせるか、ということなのだと思う。中国勢のこうした新しい価値創出は無視できない。そこに対応し、ソニー・ホンダのＥＶが脅威となってくれれば面白いと思う。

Chapter 4

動き始めた歯車
ソニー・ホンダモビリティ始動

「ソニーの吉田です」

2021年12月末、ホンダ社長の三部敏宏のもとに1本の電話がかかってきた。声の主はソニーグループ会長兼社長CEO（最高経営責任者）の吉田憲一郎だった。

新型コロナウイルスのオミクロン株が猛威を振るう中、吉田は年明け22年1月に米ラスベガスで開かれるテクノロジー見本市「CES」への参加を控えていた。この時、ソニーはEV試作車「VISION－S」の新しいSUVを披露する予定だった。他の役員陣からコロナ禍での参加に慎重な意見がある中、吉田のリアル出張へのこだわりは強い。その直前の三部への電話は本田宗一郎邸での会談以来、三部から受けていた「ラブコール」への答えでもあった。「今後の方向性としてはホンダの皆さんと一緒に、と考えています」。そう告げた吉田の電話から、ソニーとホンダの歯車が本格的に動き出すことになる。

年が明けた22年1月4日、米ラスベガス。「モビリティ体験の進化や提案を今後さらに加速させるため、22年春にソニーモビリティ株式会社を設立し、EVの市場投入

CESで吉田は新会社「ソニーモビリティ」の設立を発表する(22年1月)

を本格的に検討していく」

吉田がCESでのソニーのプレスカンファレンスの最終盤にそう発表すると会場はスタンディングオベーションと共に報道陣からの「Ｗｏｗ！」の歓声であふれた。会場で取材に応じた吉田は、ＥＶを製造するパートナー企業が出てきた場合に、外部資本を活用する可能性も「あるかもしれない」と述べていた。無論、まだこの段階でホンダとの提携は明かされていない。

ＣＥＳで吉田が宣言した「ソニーモビリティ」と、その後に両社で設立する「ソニー・ホンダモビリティ」の位置づけを整理する必要がある。ソニーモビリティはソニーグループが100%出資する完全子会社で、車内における基本ソフト（OS）だけでなく、エンターテインメントや車内外をつなぐ通信、クラウドなどのモビリティの根幹となるサービスを開発する会社になる。一方のソニー・ホンダはEVそのものをつくる会社で、OSやモビリティサービスはソニーモビリティからの提供を受けることになる。

「プロジェクトα（アルファ）」。ソニーとホンダの提携交渉は、そのコードネームと共に進められた。21年11月の本田宗一郎邸での極秘会談から翌年3月に至るまで、吉田と三部による両社のトップ会談は5回以上を数えた。時にはソニーグループ副社長の十時裕樹と、ホンダ執行役専務の竹内弘平の両CFO（最高財務責任者）が同席することもあった。法務部門なども交えた契約書づくりの交渉の中で、当初は戦略提携の発表を4月に予定していた。だが、吉田と三部が会談を重ねるうちに「早いほうがいい」となり、基本合意書（MOU）を結ぶ段階の3月4日に前倒しして発表することが決まった。

ソニーとホンダ両社の広報スタッフにとっても「エキサイティング」な展開だった

という。通常、企業が記者会見の場所を外部で押さえるなら1カ月前には動き出す必要がある。だが、今回はそんな余裕もない。両社の本社施設を見比べ、ホンダのそれより広く音響設備なども整ったソニー本社2階の大会議室を使う流れに自然と決まった。

22年3月4日　午後3時。

「ソニーとＨｏｎｄａ、モビリティ分野における戦略的提携に向けて基本合意」

東京証券取引所の取引終了と同時にプレスリリースが出た。それと同時にマスコミ各社に緊急記者会見の案内が送られた。案内から記者会見まで2時間ほどしかない中で、午後5時からの共同会見には報道関係者約１００人が詰めかけた。

「本日は急なご案内にもかかわらず、お集まりいただきありがとうございます」。司会の女性スタッフが緊張した面持ちで話し、吉田のスピーチが始まった。

「2年前の私はＣＥＳでメガトレンドについて触れた。過去10年で人々の生活を大きく変えたメガトレンドはモバイル、スマートフォンだった。これからの10年はモビリ

PCやAV機器など、栄華を誇ったソニーのハードの競争力は薄れてしまった

ティになる。そしてこのモビリティは、技術とビジネスモデルの観点から『モバイル化する』と感じている」

吉田が語った「モバイル化」とは何か。ソニーが属するエレクトロニクス業界は自動車業界よりも一足早く、テクノロジーの大転換の荒波にもまれた経緯がある。かつて世界に誇ったテレビ「BRAVIA（ブラビア）」やパソコン「VAIO（バイオ）」は投資規模と大量生産で勝る中国や台湾、韓国勢に敗れた。スマホ「Xperia（エクスペリア）」はほとんどの国内メーカーが撤退した今もなお、日本のスマホの灯を守り続けているが、かつての勢いはもうない。

「ソニーはIT・通信を中心とする技術やサービスなどのビジネスモデルのメガトレンドをリードしてきたというよりも、対応してきた会社だ」。こうした発言は、吉田の謙虚な人柄を示している。ソニーはエレクトロニクスで一敗地に塗れた経験があったからこそ、これからモビリティで起きる大変化への感度が高かったとも言える。

「ソニーにとってモビリティは新しい領域だ。学ぶ必要があるため、これまでVISION-Sの開発に取り組んできた。そして安全面を支えるセーフティー、移動空間を感動空間にするエンターテインメント、アダプタビリティー（適用性）の中で貢献できそうだとの実感を持つことができた。でも、より大きな貢献をするためにはEVに自分で取り組む必要があると感じた」

なぜソニーがEVに参入するのかを語った後に視線を三部の方に移す。

「三部社長とはこれまで何度もお話しさせてもらったが、モビリティの進化にチャレンジしたいとの思いを共有することができた」

吉田は会見の中でソニーとホンダの創業者同士の深いつながりに言及した。

ソニー創業者の2人、井深大と盛田昭夫。プロローグでも紹介したように、井深はホンダ創業者の本田宗一郎を兄として慕った。盛田も同様だ。愛知県常滑市にある盛田の実家の酒造会社が運営するレストラン「味の館」の一角にある常設展示コーナーには、盛田と本田の間で交わされた親密な手紙のやり取りが残されている。

「ソニー創業者の1人は井深大だ。井深も本田宗一郎さんと学び合い、大きな刺激を受けたと聞いている」と吉田は語り、会見上のスクリーンには談笑し合う井深と本田の姿が映し出された。

「新会社ではソニーが保有するイメージングやセンシング、通信、ネットワーク、各種エンターテインメントの開発や運営の実績と、ホンダが長年培ってきたモビリティの開発力と車体製造の技術やアフターセールスの実績を持ち寄る。ソニーとしてのこの提携を通じて、モビリティ空間を感動空間にしていく」と語り、会見を締めた。

一方の三部は、現役の自動車メーカーのトップとしての危機感を前面に押し出した。「モビリティは自動車産業が生まれてから、初めてと言って良いほどの大きな変革期にある。これからの革新の担い手は必ずしも従来の自動車メーカーではなく、異業種企業や果敢にチャレンジしてくる新興企業に移行していく」

「これまでのモビリティの概念が大きく変化していく中、この変化を傍観するのでなく主体的に取り組み、この変化をリードしたい」

三部の語り口が熱を帯びる。「静」の吉田に「動」の三部といった具合に会見にかける姿勢は対照的な2人だった。その2人に共通していたのは、三部もソニーとホンダの歴史について言及することを忘れなかったことだ。

「ソニーとホンダは歴史的にも文化的にシンクロする点が多い。創業以来、常に『らしさ』を求められる稀有な企業だ。異業種の壁を乗り越えていかにしてお客さまや世の中の期待を超えていくかが重要だった」

ソニーとホンダは共同で「高付加価値なEV」を25年に市場投入することを明らかにした。吉田と三部はその後のフォトセッションで固い握手を交わした。世紀のタッグがいよいよ動き出した瞬間だった。

「ソニー・ホンダ、チャレンジ精神が結ぶ　企業風土に共通点」

CESで並び立ったソニーの吉田とホンダの三部（24年1月8日、写真＝ソニーグループ）

「ソニーG・ホンダ、新旧勢力がEV化でタッグ」

「ソニーとホンダ、25年にEV発売　カリスマ創業者の異業種がタッグ」

翌5日付の新聞紙面にはこんな大見出しが躍った。

失われた30年の中で日本経済は国際的な存在感を失っていた。その中で自動車業界は世界販売台数の首位であるトヨタ自動車を筆頭に、日本勢が今なお国際的な競争力を保っている分野と言える。それでも米テスラのほかに比亜迪（BYD）を含めた中国勢の躍進は著しい。コロナ禍前までホンダを含めた日系勢が工場の新増設を急いだ中国や、日本勢の「金城湯池」とされた東南アジアを含めて急速にシェアを失いつつある。

多くの日本人にとって特別な響きのある2つのブランド「ソニー」と「ホンダ」のタッグへの期待は否応なしに増していった。

ダボス経由オハイオで得た確信

「今後の成長領域となる2つの感動空間について話したい」

22年5月18日、ソニー本社2階で開かれた経営方針説明会で、吉田はそう切り出した。ソニーは本決算の発表を終えた後、すぐにCEO自らが経営方針説明会を開く。その年度の経営テーマが示される場であり、年間の広報イベントで最も重視される場だ。経営方針説明会の翌週にはエンターテインメントや半導体、エレクトロニクスなどの各事業のトップによる事業説明会が続く。4～5月はソニーの広報担当者にとってゴールデンウィーク（GW）の大型連休も返上で休む間もなく働き通す、年間で最も忙しい時期だ。

この日、吉田が注力分野として明示したのが「メタバース」と「モビリティ」の2つだった。モビリティのパートでは改めて20年のCESでVISION-Sを発表してからの流れを振り返った。

「VISION-Sの研究・開発を続けてきた。この取り組みを続けてきた結果、モビリティの進化に貢献するためには商用化して世に問う必要があること、そしてそれは自社だけではできないことを学んだ」

そう述べた後、会場のスクリーンにはソニーとホンダのロゴが大写しされ、3月4日に同じこの場で会見したホンダとの戦略提携の意義を改めて語った。

2カ月前にホンダとの提携を電撃的に発表してから、吉田が公の場に姿を現すのはこの日が初めて。「どう稼ぐのか。プレステのようにハードは戦略価格とし、後からリカーリング（課金型）になるのか」「ホンダと当初想定していなかった課題は出てきたか。新会社はいつ設立し、体制や本社はどこに置くのか」。会場に詰めかけた1

00人以上のメディアや投資家・アナリストから、矢継ぎ早にホンダとの新会社について質問が飛んだ。

説明会を終えた後、吉田はスイスに向けてすぐ飛び立った。5月22日から26日にかけてダボスで開かれた世界経営者フォーラムの年次総会(ダボス会議)に参加するためだった。22年は2月にロシアによるウクライナ侵略が発生し、第2次世界大戦後の欧州で最大の危機が現実のものとなっていた。同年のダボス会議のテーマは「歴史的転換点における、政策とビジネス戦略のゆくえ」。21年のハイブリッド形式ではなく、世界の政財界のトップら2500人以上がリアルで一堂に会した。

吉田は1998～2000年にかけて、当時のソニー社長だった出井伸之の社長室長を務めた。出井と共に世界中を飛び回り、ソニーのCEOとして各国のトップエグゼクティブと対等に語り合う出井の姿は、当時40歳前後の吉田に大きな影響を与えていた。いまの吉田は毎年のダボス会議への出席を欠かすことはない。

22年のダボス会議にはホンダからも社長の三部が初めて参加していた。ダボスでは両社の面々は夕食会場で近くのテーブルに座り、軽く挨拶をした程度で込み入った話はしなかった。ただ、吉田と三部は訪問前にある約束をしていた。

「クルマの工場が見たいんです」

ダボスに行く前、吉田はそんなリクエストを三部に伝えていた。ホンダ側もそんな要望は来るだろうと予想はしていたものの、実務を担う川西ではなく、吉田が直々に訪問希望を出してきたことに驚き、大慌てで調整した。

5月末、吉田はダボスからそのまま米国に渡り、オハイオ州にあるホンダのメアリズビル工場を訪ねた。この訪問に三部は同行しなかったが、現地のホンダ関係者から自動車の生産工程や品質管理の仕組みの一つひとつを丁寧に説明を受けた吉田は、真剣なまなざしで聞き入っていた。

ホンダのメアリズビル四輪車工場は1982年に稼働を始めた。日系自動車メーカーで初めて米国での四輪車生産に乗り出した歴史的な工場として知られる。メアリズビルでは先行して79年に二輪車生産に乗り出しており、生前の本田宗一郎が米国の記者に「なぜオハイオなのか?」と問われると「神の思し召しです」と答えたエピソードが残る。稼働から40年を迎えた四輪車工場の生産ラインを前に、吉田は自動車産業における量産の難しさを改めて認識していた。

ソニーが水面下でEV開発に乗り出したのは2018年。その2年後にはコンセプト車VISION－Sを発表した。オーストリアの自動車製造受託のマグナ・シュタイヤーなどと協業し、欧州での試験走行も始めた。ソニーはこの時点では単独で参入することも選択肢から排除していなかった。だが吉田は「クルマの走る・曲がる・止まるというベーシックなところはノウハウの塊だ。試作車をつくって欧州の街並みを走ることはできても、量産までもっていくにはギャップがある。自社だけではできないと学んだ」と語る。ホンダの現地幹部陣との対話も通じて、吉田は求められる品質要求の高さを改めて実感した。

オハイオ訪問は、ホンダとの共通性を再認識するものでもあった。ホンダは1959年、米国に全額出資の販売会社を設立し、現地で「スーパーカブ」などの二輪車の販売を始める。当初は体が大きくハーレーダビッドソンなどの大型バイクを乗りこなす米国人にホンダのバイクは見向きもされなかったが、「THE NICEST PEOPLE ON A HONDA」という有名なキャンペーンを開始し、米国市場に足がかりを築いた。

一方のソニーも米国での製品販売に向けて、60年に現地法人を設立。創業者の1人、盛田昭夫が社長に就き63年には「生活をしなければ米国人の心を真に理解できない」と家族ぐるみでニューヨークに引っ越した逸話が残る。

80年代も同様だった。82年にホンダがメアリズビルで四輪の現地生産に乗り出した後、ソニーは88年に合弁相手だった米CBSレコードを買収し、89年にもコロンビア・ピクチャーズを買収して米国を拠点にエンターテインメント事業に進出している。帰国後の取材時、吉田は「オハイオに行って両社の歴史が米国に根付き、経営における共通の課題もあると再認識できた」と語っている。

ソニーとホンダのつばぜり合い

吉田がダボスやオハイオを訪ねている裏側では、共同出資会社の設立に向けた準備が急ピッチで動き出していた。

一般的に50%ずつで折半出資するジョイントベンチャー（JV）の運営は最も難しいとされる。責任やリーダーシップのあり方が不明瞭で、結果的に物事の決断も遅くなりがちだからだ。ソニーとホンダの間でも「つばぜり合い」がなかったわけではない。

まずは経営トップの人選。それぞれから会長と社長を送る「2トップ体制」は早くに合意したが、どちらがどのポストに就くのかは調整が難航した。合弁会社で開発したEVを実際に生産するのはホンダになる。そこでホンダ側を立てる形で会長兼最高経営責任者（CEO）には、ホンダ専務執行役員で直近まで四輪事業本部長を務めた水野泰秀が就き、社長兼最高執行責任者（COO）はソニーグループ常務でVISI

ON－Sの開発責任者だった川西泉が担うことが決まった。22年6月16日に両社の共同出資会社、ソニー・ホンダの設立が発表される。

水野と川西に続くトップ3以下の人事も併せて発表になった。ナンバー3にあたる副社長はソニーグループ執行役員の山口周吾が就く。山口は30代だった04年に「プレイステーションの父」とされる当時副社長の久夛良木健の下で、韓国サムスン電子との液晶パネル製造の合弁会社「S－LCD」設立に携わるなど他社との協業プロジェクトで豊富な経験がある。ソニーの吉田のほか、後に社長に就く副社長の十時からも「新事業立ち上げなら周吾」と太鼓判を押されるほど、信任が厚い男だ。また、ソニーのゲーム事業会社でプレステの開発を長年主導した副社長の伊藤雅康らベテラン勢が加わることも決まった。

一方のホンダ側もエースを送り出す。ソニー・ホンダの専務に就いた岡部宏二郎だ。岡部は21年発売の主力SUV「ヴェゼル」のLPL（ラージ・プロジェクト・リーダー）という開発総責任者を務めた。ソニーとの提携については若手社員のワークショップが動いていた21年秋、社長の三部ら数人の幹部から直接ソニーとのプロジェクトを聞かされた。ソニー・ホンダを設立する段階で、「行ってくれ」との打診を首脳陣から直接受けた。ほかにも、デザイン室長を務めた河野拓らエースの派遣が次々に決まる。

両社から一線級の人材をそろえて陣容は固まった。6月16日に両社は最終的な合弁契約を締結し、9月28日に法人としての設立登記が完了。日本で最も新しいモビリティ会社ソニー・ホンダモビリティがこの世に誕生した。

10月13日。東京湾を臨む東京ポートシティ竹芝でソニー・ホンダの設立会見が開かれる。3月の戦略提携発表時にソニー本社で実施した会見とは異なり、ソニーともホンダとも異なる全く新しい会社の船出にふさわしい場所として選んだ。午前11時からの会見には海外メディアも含めて100人以上が詰めかけた。照明が消され、荘厳な音楽に包まれた暗闇の会場スクリーンにソニーとホンダのロゴが映し出される。そして、上手（かみて）から登場した水野と、下手（しもて）から来た川西が舞台中央で固い握手をする演出で始まった。

先に登壇した水野はソニー・ホンダの未来像について「既存のＯＥＭ（完成車メーカー）とは違う全く新しい姿にしたい。その姿はソフトを中心にしたモビリティ・テックカンパニーになる」と強調。企業としてのパーパス（存在意義）は「多様な知で革新を追求し、人を動かす。」に決めたと発表した。

この日、ソニー・ホンダが25年に発売を目指すＥＶの具体的な生産や発売スケジュールも見えてきた。ＥＶは北米にあるホンダの工場で生産し、25年前半に先行受注して同年内に販売を開始。実際の納車は北米が先行して26年春、日本は同年後半となる。テスラと同様にディーラーの販売網を介さず、オンライン上での販売とする計画を明らかにした。

水野に続いて登壇した川西はＥＶの技術面の説明を担当する。

ＥＶは、一定条件下で運転操作が不要になる自動運転「レベル３」を目指すことや、演算性能が８００ＴＯＰＳ（テラ・オペレーションズ・パー・セカンド）以上の高性

ソニー・ホンダの設立会見で握手する川西（左）と水野（22年10月13日）

能な半導体を採用する方針を示した。TOPSとは、1秒間で何回演算できるかを示す値で、数値が大きいほど1チップ当たりの演算能力が高い。クルマ向けでは米エヌビディアがSoC（システム・オン・チップ）の新製品「DRIVE Thor（ドライブ・ソー）」で最大2000TOPSを誇る。

ただ川西が強く訴えたのは性能や革新性よりも、自動車業界における変革の重要性だった。

「従来の自動車産業はOEMを頂点として、数多くのパートナーに支えられて産業構造が成り立っていた。しかし水平分業が浸透しているIT業界では特定の領域で優位性を持つ企業の存在がある。特に一部の半導体は顕著な例だろう。今後、EV化が進んでIT技術の比率が高まると考えると、自動車を支えるステークホルダーとの関係を見直す時期に来ているのではないか。今後、パートナーやサプライヤーの皆様には私たちのビジョンを共有させていただき、オープンで対等な新しいパートナーシップを築きたい」

そう宣言した後、スクリーン上に「January 4, 2023 in Las Vegas」とのメッセージが流れて設立会見は幕を閉じた。

三部が送ったエール「ホンダを抜いてください」

「チャレンジ、挑戦。これらはホンダにとって特別な意味を持つ言葉だ」。22年12月5日の午後3時。三部は東京・青山のホンダ本社1階のスペースで、駅伝や都市対抗野球など自社の企業スポーツ活動の今後の方針について説明する会見に登壇していた。

「やるからには勝つ。中途半端にはやらない」。これは三部が貫く信念だ。

会見には年明けのニューイヤー駅伝への出場を控えたホンダ陸上競技部の選手たちも参加した。三部はジャージ姿の選手たちと記念撮影をして会見を終えると、紺のジャケットにグレーのパンツというスポーティーさを意識したややカジュアルないでたちから、紺色のスーツに着替えた。水玉模様の紺色のネクタイはそのままだ。向かった先は本社から車で15分ほどの場所にある渋谷のセルリアンタワー東急ホテル。三部はこの日、もう1つの「スピーチ」を予定していた。

関係者以外には目立たないようにひっそりと「SHM創立記念イベント」との案内板が出ていた。もちろんSHMとはソニー・ホンダモビリティの略称だ。三部はこの集まりに主賓として招待されていた。

会場にはソニー・ホンダの社員のほか、ソニーの吉田や十時も駆けつけていた。三部のスピーチの番が来た。

「ホンダを抜いてください！」。三部の口から出たのは自らを超えろという異例のエールだった。ソニー出身の川西はすかさず「三部さん、ホンダ……抜きます！」。一瞬、遠慮がちだったが、最後まで言い切ると、会場のボルテージは一気に上がり、歓声が飛び交った。

地下2階でのパーティーを終えて、三部は川西や水野と上階のバーで再び決意の杯を交わした。ホテルを後にしたのはパーティー開始から3時間ほどたった後だった。大雨が降り続く厳しい寒さの夜だったが、三部の心の中は温かく晴れやかだった。「やってやろう、という気迫が伝わってきた」。パーティー会場での社員の反応がうれしかったのだ。そこに旧態依然とした閉塞感は一切なかった。

ソニーとの協業を決めた最大の理由には、新しいモビリティをつくるということがある。だがさらに三部は、若手社員がのびのびと主体性を持って活躍する場をつくりたいとも考えていた。若い社員が前向きに目標に向かっていこうとする姿を直接目にして思った。「どんどんやれよ」。吉田から三部への1本の電話によって再び動き出した歯車は、両社トップだけでなく、現場の一人ひとりをも突き動かす力強さを秘めていた。

Chapter 4 ／ 動き始めた歯車 ソニー・ホンダモビリティ始動

Interview

コロナ禍で生まれた中国勢との差 走りながら考え、いずれ勝ちたい

ソニー・ホンダモビリティ　会長兼CEO

水野 泰秀氏

みずの・やすひで

1963年生まれ。86年にホンダ入社。国内勤務の後、タイや台湾、マレーシア、オーストラリアなど海外赴任が長い。ホンダと中国の自動車会社の合弁会社の総経理やホンダの中国本部長、四輪事業本部長、執行役専務などを経て、2022年9月から現職。

――ソニー・ホンダモビリティを設立してから2年がたちました。どんなことが印象に残っていますか。

2023年1月のCESで、AFEELAのプロトタイプを発表したことだ。正直、最初は無謀だと思った。25年に受注を取るなら、24年にプロトタイプを出すというのが大抵のやり方で、これまでの自動車会社の常識ではあり得ないスピードだったからだ。22年9月に会社ができて、それで23年の1月にプロトタイプを出すというのは、無謀としか言えなかった。

だが、これが大きなインパクトを持っていた。会社設立後、非常に厳しい毎日が続いていたが、プロトタイプを実際に出せたことで自信につながった。我々はメーカーなので、モノを形にできるのは大きな誇りだ。高揚感もあった。プロトタイプを出したとき、達成感を一瞬感じたのだが、今思えばあれはスタートだった。24年にはアップデート版のプロトタイプも展示できた。

——異業種のソニーグループと組んで違いを感じたことは他に何がありますか。

私がホンダから移り、川西泉（社長兼最高執行責任者）さんがソニーからやってきて、22年に会社設立に向けて動き始めた最初のころから、ソフトウエア開発に向けた話がとても早く進んでいた。自動車の開発指示はまだまだできない時期だった。自分もホンダで四輪事業本部長として自動車の開発期間を以前より短くしようと取り組んでいたが、川西さんからは「もっと早く」と言われてしまったくらいだ。

僕が駐在していた中国では、現地企業の開発期間が1年強などと言われていて、さらにソフトウエアの開発期間も短縮されている中で、「自動車の開発には時間がかかるのです」とは言っていられない。これは我々も見習わないといけないし、対応すべきだと思っている。

——一方、自動車会社の出身として、変えてはいけない部分は何でしょうか。

開発スピードを上げた結果、安全を犠牲にするというのが一番いけない。自動車というのはやはり安全を最大限担保しないといけない。これだけは肝に銘じていて、川西さんにも理解をしてもらっている。品質と安全を担保しながら、どうスピードを上げて取り組むかがモビリティの競争社会で勝ち抜くためのポイントになる。

——ソニー・ホンダには若手の社員の方が多いです。若手社員にはどのように声を掛けていますか。

とにかく自分が思ったアイデアを実現しなさい、と言っている。ソフトウエアはアイデアを実現しやすいし、ハードウエアにしてもホンダだと従来のしきたりや決まりごとがあって実現できないこともここではやりやすい。だから思い切ってやってみて、失敗してもいい。最終的な責任は私が全部取ればいい。失敗しても命を取られるわけではない。そのようにいつも話している。

——今後、ソニー・ホンダで涙を流す瞬間があるとすれば。

やっぱりデリバリー（納車）のところが一番盛り上がるかなと。米国で第1号のお客さまに届ける際、ドアを開けて乗ってもらったときにニコって笑ってもらえれば、最高だと思う。私は、この「Ｗｏｗ！」というアメリカ風の驚きが提供できれば一番面白いなって思っている。

——今はそこを目指して苦労しているのですね。

そう。感動を提供し続けるというミッションがないとダメだと思うので、やっぱりそこを目指してやっていく。一番しんどいところではある。やろうと思ったら実は他社がやっていたりとか、中国行ったら実は既にできちゃっていたりというのは、その瞬間に感動がなくなって、普通になってしまう。ただ米国では感動になるチャンスがあるので、そこはやりがいがある。

――22年10月のソニー・ホンダの会社設立会見で、「日本経済に貢献したい」と話しました。どのような思いで言及したのですか。

ソニーとホンダは、少し大げさに言うと、それぞれ日本を代表する企業で期待値も高い。日本の皆さんには両社の名前を出すと「お～！」と言ってもらえる。プレッシャーもあるが、その名に恥じぬモノを出していきたい。多くの人に「面白いね」と思ってもらえるようなモノをつくりたい。その結果が、日本が元気になり、日本の技術力は高いということを改めて示すことにつながると思っている。今は中国勢も米国勢も技術が進歩しているが、日本としての立ち位置をしっかりとアピールしたい。

――中国に10年ほど駐在していました。中国勢の電気自動車（EV）や「ソフトウエア・デファインド・ビークル（SDV）」の開発力をどうみていますか。

私は20年に中国から帰国し、新型コロナウイルスの感染拡大によって3年間中国に行けなかった。23年4月に上海国際自動車ショーに出張で訪れたときに、言葉を選ばずに言うとぶったまげた。知り合いの取引先に聞くと、中国勢はこの期間中にソフトウエアの開発に在宅勤務で必死に取り組んでいたということだった。コロナ期間を逆手に取り、蓄積をしてきた中国人のビジネス感覚はすごいと思った。その3年間、1000日間の差を感じた。

――24年4月の北京国際自動車ショーにも視察のために出張しました。どのような点に注目しましたか。

自動車に共通して搭載されているIVI（車載インフォテインメント）のプラットフォームだ。通信大手の華為技術（ファーウェイ）や、ITの百度（バイドゥ）などのプラットフォーマーの存在感が高まっている。これまで自動車企業はIVIでも独自性を追い求めてきた。例えば独メルセデス・ベンツグループなら同社の、ホンダならホンダのIVIがあった。ただ中国市場ではプラットフォーマーによる寡占化が進んできた点が興味深かった。
日本に戻り、こうした中国市場の動向はソニー・ホンダのエンジニアと共有した。エンジニアはこうした動きを非常に脅威に感じている。

――ＡＦＥＥＬＡは中国で販売する予定は現時点でありません。それでも中国市場をかなり注意深く見ている印象です。

僕は、中国のソフトウエア技術や車載技術は無視できない存在で、しっかり見るべきだと思っている。そしてこうした技術は市販車に既に実装されている。プロトタイプではいくらでも取り繕うことはできるが、既にクルマに実装できているのが彼らの強みだ。

ＡＦＥＥＬＡを最初に投入する米国市場では、関税などの仕組みによって中国製ＥＶが自国市場に入ってこないようにする政策をとっている。だが競争原理が働けば、いつかは中国勢のＥＶが入ってくることになると思う。それは結局、商品を最後に選ぶのはお客さまで、お客さまが価値のあるモビリティを選ぶということだ。これは、（日本勢が高いシェアを持つが、中国勢が攻勢をかけている）東南アジア市場を見れば自明だ。

だから我々は、ちゃんとお客さまの求める価値に対応できるモビリティを提供する必要がある。もし米国市場に中国勢が入ってきても、彼らと差異化をして、勝てるようにしないといけない。そのために中国勢についての勉強や研究が必要だ。

――水野さんは60代を前に新たな舞台に飛び込みました。自らの挑戦をどのように受け止めていますか。

米国でも会社が立ち上がり、走りながら考える日々で大変ではあるが、ここでしかできないことだ。ありがたい経験で、老骨にむち打って毎日を頑張っている。同年代の人たちもそろそろ第2の人生を迎え、考えることが多いと思う。だが、我々が持っているノウハウというのは捨てたモノではない。まだまだ貢献できることがたくさんあり、体力が続く限りやればいいと思う。

ソニー・ホンダもいつか間違いなく世代交代をしないといけない。そのときのために、我々は捨て石となって頑張るしかない。自動車なんて仕込みがないと何もできない。私は自分がソニー・ホンダの捨て石だと思ってやっている。もし5年後にソニー・ホンダが成功していれば、そのときに喜びをかみしめると思う。それができるのが自分の世代だ。

Chapter **5**

ティム・クックの来訪と熱狂のラスベガス

「ふぅ……」。ソニー・ホンダモビリティ社長兼最高執行責任者（ＣＯＯ）の川西泉は空を見上げながら、東京・品川のソニーグループ本社の車寄せ近くにポツンとある屋外喫煙所で煙をふかしていた。

２０２２年11月15日の昼下がり。午前からの雨は上がっても東京の空にはまだ厚い雲が居座っている。ソニー本社は全エリアが禁煙のため、たばこを吸うにはここに降りてくるしかない。23年1月のＣＥＳが近づくにつれ、ヘビースモーカーではない川西が訪れる頻度も増えていた。

「新会社はソニーとホンダ、それぞれの下に無理やり置くのではなく自立させる」。ソニーグループ会長兼社長最高経営責任者（ＣＥＯ）の吉田憲一郎がそう語っていたソニー・ホンダだが、まだこのころはソニーの一部のようだった。

会長兼ＣＥＯの水野泰秀や川西ら首脳陣のほか、エンジニアが根城としたのはソニー本社の８階だった。もともとは同社のカメラ開発部隊が集結していたフロアだ。21年４月に現在のソニーグループが発足すると、カメラを含めたソニーのエレクトロニクス事業は新生「ソニー」として別会社となり、オフィスも品川から横浜に移る。エレキの大部隊が移動した後、当時は200人ほどの小所帯だったソニー・ホンダでは持て余し気味のフロアは、年明けのCESに向けて熱気に満ちていた。

22年の11月から年末にかけては、吉田の周辺でも様々な出来事が起こる。11月8日、東京・内幸町の帝国ホテル。日本経済新聞社が2日間にわたって主催する「世界経営者会議」でメインスピーカーを務めた吉田はモビリティに対する揺るがぬ思いを語っていた。

「コンピューティングと通信の進化で、今後変わっていくのが移動空間であるモビリティだ。車載向けCMOS（相補性金属酸化膜半導体）画像センサーをクルマの安全面に生かそうとする中で、世界中の自動車業界の関係者と接点ができた。16年ごろにイスラエルのモービルアイというクルマの安全技術を手掛ける会社のCEOの話を聞く機会があった。車の機能はソフトウエアで定義され、コンピューティングと通信の技術でクルマの機能そのものがアップデートされることを知った。これはソニーの犬型ロボット『aibo（アイボ）』と同じだと気がついた。モビリティはこれからさらに進化していく。そのモビリティに対し、ソフトウエアを含むＩＴ技術と、エンターテインメントで貢献していく」

吉田はこの場でホンダとなぜ提携に至ったのかも改めて説明した。

「まず『やってみること』が最大の学びになる。そこでソニーは電気自動車（ＥＶ）の試作車（ＶＩＳＩＯＮ－Ｓ）をつくって公道を走ってみた。すると学べば学ぶほど、学ばねばならないことが増えた。最終的に我々だけではできないという結論に達し、ホンダとの協業に至った」

吉田はソニー・ホンダが目指すビジネスモデルについても語っている。13年末に子会社のソネットからソニーに復帰し、元社長の平井一夫の下でソニーの経営再建をＣＦＯ（最高財務責任者）として指揮した吉田が重視したのは、製品の売り切りではなく、継続的に収益を稼げる「リカーリング」（継続課金）モデルの構築だった。音楽でいえば、かつてのＣＤ販売ではなく、配信サービスによってソニーが版権を持つ楽曲を提供することで、ユーザーがその楽曲を聞くたびに収益が上がるようにする。ゲームも同様だ。プレイステーションの本体やソフトを売るだけでなく、デジタルプラ

世界経営者会議で語る吉田（22年11月8日）

ットフォーム「プレイステーションネットワーク」上でソフトをダウンロードしてもらい、継続的に遊ぶ中で課金する仕組みをつくった。吉田はモビリティでも同じようなリカーリングモデルがつくれると考えていた。

「モビリティは大きく概念が変わる。今までのカラーテレビは、一度売ると基本的にはそこでビジネスが終わる。一方でスマートフォンは台数を売るよりも、アプリがどれだけインストールされているかが重要だ。プレステも同様でソフトがどれだけインストールされているかの考え方が根底にある。クルマも『売る』ことよりも、どれだけ『お渡しできているか』というインストールベースの考え方に変わっていくと思う。モビリティもこれからコンセプトが大きく変わり、売って終わるビジネスから、どういうサービスを継続的にしていくかをホンダとのジョイントベンチャーを含めて考えていく。クルマをお客さんにお渡ししてからが非常に重要だと考えている」

吉田の念頭にはリカーリングモデルの先達となる企業の存在があったに違いない。このころ、ある極秘プロジェクトが水面下で動いており、吉田ら幹部が集う品川のソニー本社20階はピリピリした雰囲気に包まれていた。米アップルCEOのティム・クックのソニー訪問だ。

きっかけは22年7月、米国でのテック系イベントで吉田とクックの2人が交わした言葉だった。「今度よければイメージセンサーの工場を見てみないか？」「いいね」。そんな軽い口約束をしていた。吉田は正直実現するとは思っていなかったが、なんと本当にクックから訪問の意向が伝えられる。

熊本テクノロジーセンターで米アップルCEOのティム・クックを案内する吉田（22年12月13日、写真＝ソニーグループ）

12月13日午前、ソニーのCMOS画像センサーの主要生産拠点であるソニーセミコンダクタソリューションズの熊本テクノロジーセンター（熊本県菊陽町）にやって来たクックを吉田は直接出迎え、1時間ほどの滞在をフルアテンドする。大会議室で開かれた歓迎イベントでは「iPhoneは世界中のコンシューマーをクリエーターに変えた。イメージセンサーを供給できていることは私たちの誇りだ」とクックを持ち上げた。

ソニーとアップル。日米を代表するこの2つのブランドは歴史的なつながりが強い。アップル創業者のスティーブ・ジョブズはソニー創業者の1人、盛田昭夫を深く尊敬し来日のたびに東京・目黒の盛田邸を訪れていたという。盛田が亡くなった1999年にアップルが開いたイベントでは会場のスクリーン上に盛田の写真を映し「この新製品を彼に喜んでほしい」と追悼の意を表したほどだ。

当時のアップルは米マイクロソフトの「ウィンドウズ」に押されて苦境にあった。吉田が仕えていた元社長の出井伸之は著書『迷いと決断』（新潮新書）の中で「アップル買収を真剣に検討していた」と90年代後半の自身の構想を明らかにしている。

その後、アップルは2007年発売の iPhoneで世界を変える。ソニーは11年から iPhone向けにCMOS画像センサーを供給しており、ある国内証券アナリストは取引額を8000億〜9000億円とはじく。アップルにとってもソニーは「日本国内における最大のサプライヤー」であり、クックが東京で首相の岸田文雄と面会する前にわざわざ熊本に立ち寄ったことは両社の強固な関係を確認し合うものだった。

ここでアップルとモビリティの関係についても触れる必要があるだろう。24年2月、アップルが水面下で進めていたEVの開発計画が白紙になったとの報道が世界を駆け巡った。だが、クックがソニーの熊本テックを訪れた22年当時はまだアップルのEV参入が取り沙汰されていた時期だった。

iPhoneなどの世界を変える革新的な商品を生み出してきたアップルがつくる「アップルカー」。その期待は高く、ソニー・ホンダが開発するEVと競合になるとの見方があった。日経モビリティは22年6月に吉田へアップルカーへの見方を直接聞いている。吉田は慎重に言葉を選びながらこう答えた。

「アップルは社会的にインパクトがあることに必ずチャレンジする会社だ。どういうチャレンジをしたとしても、競争になることがあるかもしれないし、逆に協業できるところもあるのではないかと思っている」

ソニーはアップルに対して、センサーを供給する単なるサプライヤーという立場だけではない。音楽事業会社のソニー・ミュージックエンタテインメントはストリーミングサービス「アップルミュージック」に楽曲を提供する。映画でも映像配信サービスの「アップルTV」に対して、ソニー・ピクチャーズエンタテインメントの作品の多くを出している。ソニーとアップルはライバルでもあり、不可分のパートナーの関係でもあるのだ。

「エンターテインメントでアップルとはかなり協業している近しい存在だ。今はビジネスで競争と協業が共存する時代である。それはテクノロジーの世界では常識。おそらく自動車産業でも新しいテクノロジーが入ることで、競争と協業が共存するところが出てくると思う」

22年は1月にCESで吉田がモビリティへの参入検討を表明し、3月にはホンダとの電撃提携会見があった。6月にはソニー・ホンダ設立に向けた最終契約を結び、10月に設立会見。そして12月のクック来訪と最後まで激動の1年間だった。

23年のCESで高まる熱気 AFEELAのお披露目

CESメイン会場の１つ「ラスベガス・コンベンションセンター　西ホール」

そして迎えた23年の年明け。ＣＥＳは毎年1月に米ラスベガスで実施されるが、23年のスケジュールは例年より早く、日本ではまだ正月の雰囲気が色濃い1月3日から記者発表会などがスタートした。ラスベガスのハリー・リード国際空港には、元日から出展企業やメディアなど関係者が続々と来訪した。同年は多くの国で新型コロナウイルス禍による渡航制限がなくなったこともあり、来場者数は11万5000人超とコロナ前の水準近くまで回復。最終的な出展は3200超の企業・団体に達した。ソニー・ホンダも多くの社員が年末年始の休みを返上し、Ｃ

ES会場に最も近いホテル「ウエストゲート　ラスベガス　リゾート&カジノ」に滞在して開幕をいまかと待った。

ラスベガス市内で大きく4つに分かれるCES会場のメインと言えるのがモノレール駅「ラスベガス・コンベンションセンター」（LVCC）付近のエリアだ。23年から全館がCES会場となった最新の西ホールには、米クライスラーや仏プジョーなどを傘下に持つ欧州ステランティス、メガサプライヤーの独ZFに加え、ベトナム新興EVメーカーのビンファストなどが大きなブースを展開していた。世界各地のモーターショーが退潮する中で、いまやCESは「北米最大の自動車ショー」とも称される。その勢いを最も象徴していたエリアだ。

一方で最も格式が高いとされるのが西ホールから歩いて10分ほど離れたセントラルホールだ。韓国のサムスン電子やLG電子、中国のTCLやハイセンス、日本のパナソニックホールディングス（HD）など、いわゆる電機メーカーはみなここに集結する。ソニーもその1社だ。エレキからエンタメに経営の軸足を移していても、ソニーが今なお世界的な電機メーカーの1社であることに変わりはない。

1月4日午前8時、韓国LG電子を皮切りにプレスカンファレンスが始まり、各社は23年を占う新製品や提携戦略を相次いで打ち出していく。サムスンやパナソニック、キヤノンなどを含めて各社の発表会場は揃ってラスベガス中心部南にあるホテル「マンダレイベイホテル」だが、ソニーだけはいつもLVCCの自社ブースで開く。「人のやらないことをする」姿勢がここにも垣間見える。

ラスベガス市内は広い。同じ中心部とはいえ、マンダレイベイからLVCCへの移動は正味1時間ほど余裕を持つ必要がある。各国のメディア関係者は午後2時のサムスンの発表を見届けた後、大挙して急ぎLVCCのソニーブースに向かうのが慣例だ。

LVCCでは午後5時からのソニーのプレスカンファレンスが始まる2時間前には報道陣の行列ができていた。お目当てはソニー・ホンダの発表内容だ。22年10月に東京・芝浦で開催した会社設立の会見で「January 4, 2023 in Las Vegas」と締めくくってから2カ月余り。この場で新しいコンセプトカーがお披露目になるとの情報は公然の秘密で、この短期間にどれだけのものをつくれているか。いやおうなしに会場の熱気は高まっていた。

壮大な音楽と共に始まったソニーのプレスカンファレンスで、吉田はグレーのジャケットと黒のハイネックセーターをコーディネートして登場。CESも5回目となり、すっかり場慣れした感の吉田はプレゼンテーションの最中もリラックスした様子で次々に登壇するゲストに笑顔を振りまいていた。

プレゼン中盤、モビリティのパートにさしかかるころ、吉田の口元から笑みがこぼれる場面が増えた。まるで聴衆の期待を感じ取っているかのようだった。そしてソニー・ホンダ会長兼CEOの水野にバトンタッチする。水野はキャリアの多くが海外勤務で通算20年ほどになる。英語でのプレゼンはお手のものだ。

「『多様な知で革新を追求し、人を動かす。』このパーパスの下、私たちソニー・ホンダモビリティは旅を始めたばかりだ」

身ぶり手ぶりを交えながらソニー・ホンダの歩みについて語り続けた水野の表情か

CESで水野が「AFEELA」を世界初披露(23年1月)

ら笑顔が消えた。そして真剣なまなざしで語る。「今日、私たちは皆さんに見せたいものがある。私たちの新ブランド、『ＡＦＥＥＬＡ』です」

車体前方のフロントノーズ部分に左右のヘッドライトをつなぐ横長のディスプレーが光る。そこにＡＦＥＥＬＡの文字が浮かび、流線形のデザインをしたセダンが現れた。会場左手から音もなくそのセダンが走り込むと一斉にカメラが差し出され、フラッシュがたかれた。

会場のスクリーンに大写しにされたＡＦＥＥＬＡのロゴを前に水野がスピーチ

を再開する。

「私たちのモビリティ体験の中心には『FEEL（感じる）』という言葉がある。AFEELAは、モビリティが知性を持った存在であると人が感じること。モビリティがAIとセンシング技術で、人と社会を感じるというインタラクティブな関係性を表している」

AFEELAの最大の特徴として水野が切り出したのは、フロントノーズ部分の横長のディスプレーだった。

「エスクテリアにはモビリティと人がインタラクティブなコミュニケーションをするための『メディアバー』を設けた。知性を持ったモビリティが自らの意思を周囲の人に伝えることが可能になる。パートナーやクリエーターの人たちとこのメディアバーの活用法を考えたい」

プレスカンファレンス終了後、AFEELAの試作車の周りは各国の記者であふれた。メディアバーにはAFEELAロゴのほか、ソニーの代表的な映画「スパイダーマン」のキャラクターや周囲の気温・天気、お気に入りのスポーツチームの試合結果などを映すことができる。見たこともない仕掛けに多くの記者たちは驚いた。

「VISION－Sの方が格好良いかもしれないな」「いまの米国でセダンは売れるのか」――。会場で聞かれた様々な意見は、新ブランドAFEELAへの関心の高さの裏返しでもある。その中にいた自動車アナリスト、中西孝樹は感慨深くこう語った。

「この短期間によくぞここまでのクルマを出せたと率直に評価したい。ソニー・ホンダを1人の日本人として応援していきたい」

5年前、ホンダ社長だった八郷隆弘が配った冊子の中で、再生を果たしたソニーと危機意識が浸透しないホンダを対照的に評価していたのがその中西だった。今では日本で最も新しいモビリティ会社に心からのエールを送る立場になっていた。

多様な知をつなぐ
モビリティ・テックカンパニーへ

「私たちが話したことはほんの始まりに過ぎない。私たちはモビリティ・テックカンパニーとして、多様な知をつなぎ、最先端の技術を結集し、人々を動かすモビリティ体験を創造していく」

ソニー・ホンダの水野は「モビリティ・テックカンパニー」という言葉に触れてCESでのプレゼンテーションを締めくくった。この言葉は同社が目指す企業像として、22年10月13日の設立会見時にも水野が言及していた。

ソニーとホンダは共に技術志向が強い会社だ。AFEELAは両社が持つテクノロジーを結集させた「ショーケース」とも言える存在だ。世界中のテックカンパニーが集結するCESで、モビリティ・テックカンパニーを改めて強調した水野たちソニー・ホンダの陣営が、競合との差異化要素で重視したのは、発表した米ゲーム大手、エピックゲームズとの提携だった。

水野はCESのプレゼンテーションでエピックについて「モビリティにおける時間と空間の概念を拡張し続けるための重要なパートナー」と紹介した。ソニーの吉田も、日経モビリティの取材に対して、自信ありげにこう答えていた。

「今回提携を発表したエピックゲームズの最高技術責任者（CTO）のキム・リブレ

米エヌビディアが発表した車内で楽しむクラウドゲームのイメージ（写真＝エヌビディア）

リに登壇してもらった。これは今やコンテンツ技術の中で、かなり先端的なものになってきたゲーム技術をクルマに載せますというメッセージだ」

20年のCESで吉田がVISION－Sを発表し、車内がゲームなどを楽しめるエンターテインメント空間になるとのビジョンに世界は驚いた。それから3年。各国の自動車メーカーもクルマの提供価値として、ソニー同様に車内における体験を重視するようになる。自然と競合たちの目も車内エンタメに向くようになる。

実際、CESでは独アウディが後部座席で

楽しめる車内ゲームの導入を発表。米エヌビディアも韓国の現代自動車や中国EV最大手の比亜迪（BYD）、そしてスウェーデンの高級EVメーカー、ポールスターに車内向けのクラウドゲームサービスを提供すると発表した。

車内でゲームを楽しむことは、もはやソニーの「専売特許」ではないのではないか。そう吉田に訪ねると、こう返ってきた。

「おそらくいろいろな会社がゲームをやってくる。ゲームを車内に入れるのは割と普通な話かなと思う。ただ、我々は同じゲームでも、車内でゲームをやるというよりリアルタイムのグラフィック技術を車の中で使っていくという意味でのゲームだ。今回のCESで一番のメッセージは『車内でゲームができる』ではなく、ユーザーとのインターフェースでゲームエンジンを使い、人とモビリティのコミュニケーションのあり方にいろいろなチャレンジをしてみる、というところかもしれない」

吉田が言うゲームとはプレステのような、いわゆるゲームではない。画像制作や音声再生、コントローラーからの入力処理といったコンピューターゲーム共通のデータ管理を効率化する基本ソフト（ＯＳ）の「ゲームエンジン」を指していたのだ。

もともとゲーム部門のエンジニアだった川西はこの領域に詳しい。ＣＥＳの会場で報道陣に対して、エピックについてこう語っていた。

「プレイステーションをやっていたからエピックとは２０００年前後からお付き合いがあり、彼らの技術はよく理解している。エピックに求めたいのは、バーチャルの中でリアリティーのある世界をどう実現できるか。それが彼らの持ち味だ。コンピューター・グラフィックス（ＣＧ）でリアルとバーチャルの世界をどう表現して新しい世界を見せられるか。モビリティのためのエンタメはどうあるべきか。どういう可能性があるのかを含めて彼らと検討したい。そこに彼らとの協業の価値を求めていく」

吉田や川西が語る「ゲーム技術をクルマに載せる」「車内だから楽しめるゲーム」との発言は23年のＣＥＳではまだ具現化されておらず、イメージが持ちにくかった。24年のＣＥＳになって、その答えが見えてきた。

ＡＦＥＥＬＡは車内外につけた無数のＣＭＯＳ画像センサーで車両周辺の情報を集

24年のCESではモンスターがいる街中を走っているかのような乗車体験を示した（写真＝ソニー・ホンダ）

める。それをエピックのゲームエンジン「アンリアルエンジン」でCGにして、車内のディスプレーに映し出すことでの「リアル×バーチャル」の世界を表現するのだ。24年のCESのデモでは、モンスターがいる街中や海の中をAFEELAで走っているような感覚を楽しむことができた。競合が手を付け始めた「車内でゲームを遊ぶ」より、1歩も2歩も進んだゲームの楽しみ方になるかもしれない。

一方、川西はCES会場で1人になったとき、筆者に「他社がみな『ゲーム、ゲーム』って言い始めているのは正直嫌だな」と偽らざる心境を吐露していた。それでも「ゲームならソニーは30年近い経験がある。負ける気はしない。ただ車内で楽しめるゲームではなく、車内だからこそ楽しめるゲームを私たちはつくっていく」と強調していた。

また川西はAFEELAの隠された意味について、こう述べている。

「2つの狙いがある。1つ目はFEELの前のAと後ろのAを『誰か』と置き換えると『A　FEEL　A』と誰かが何かを感じるっていう意味になる。Aは抽象的な何かと考えていただけると嬉しい。もう1つはソニー・ホンダの中で『3A』と呼ぶ、目指すべき提供価値がある。コミュニケーションではAを頭文字にした言葉をコンセプトとして掲げているので、ブランド名としても使っている」

「3A」とはソニー・ホンダがAFEELAを通じて、ユーザーに届けたい3つの価値を表している。Autonomy（進化する自律性）、Augmentation（身体、時空間の拡張）、Affinity（人との協調、社会との共生）の3つで、その頭文字をとり「3A」と定義したのだ。この考え方も新ブランドの根底にあるのだ。

23年のCESでソニーのブースを間借りする形で初参加したソニー・ホンダだったが、実際はCESの主役になった。米ビルボード誌はAFEELAをCESの「ベストカー」に選出した。その評価ポイントについて「プロトタイプモデルしか存在しなかったソニー・ホンダのEVだが、自律性、拡張性、親和性という独自の3つのコンセプトに焦点を当てている」と記している。他にも複数のアワードが贈られたが、賛辞だけではなく逆もあった。AFEELAは「感動」や「感じる」を意味する「FEEL」を語源としたが、英語圏の一部ネイティブからは語感が「触る」の印象で伝わり、否定的な反応がSNS上に流れた。

VISION－Sと同様に、AFEELAもまずはCESに出展して「世界の評価を聞く」ことで多くの気づきや学びを得られた。日本では大きな話題になったが、26年春に最初に納車する米国での反応が薄いことも分かった。「米国で売れなければ意味がない」。ソニー・ホンダはすぐに動き出し、副社長の山口周吾が最高経営責任者（CEO）として、米子会社「ソニー・ホンダモビリティ・オブ・アメリカ」を23年

3月に新設。ロサンゼルス近郊の米ソニー・ピクチャーズエンタテインメントのオフィスの一角に拠点を置き、現地での販促体制を整え始めた。

CESを終えた後、AFEELAの試作車はしばらく日本に戻らなかった。米西海岸を巡回する旅に出るためだ。現地での認知度アップとともに、クリエーターら協業先を探す狙いもあった。ロサンゼルス近郊にあるソニー・ピクチャーズのスタジオにAFEELAを展示。エンタメの本場で新たな協業相手を探す取り組みを強化した。「これはすごい」「早く売ってくれ」。映画業界などの関係者からの上々の評判に川西は手応えを感じたという。

その後も現地のショッピングセンターや協業先である米クアルコム本社などにも展示し、改善点などを一つひとつためていく。日本に凱旋するのは23年10月。東京モーターショーから名称を改めた「ジャパンモビリティショー」を待つことになる。

Interview

進化の仕方は中国に近い 目の前の困難は面白さにもなる

ソニー・ホンダモビリティ　社長兼COO

川西 泉氏

かわにし・いずみ

1963年生まれ、86年ソニー入社。95年よりソニー・コンピュータエンタテインメントで商品開発に従事。2010年にはFeliCa事業部長。14年業務執行役員SVP。15年にはソニーモバイルコミュニケーションズ取締役エグゼクティブバイスプレジデント。17年よりAIロボティクスビジネスグループ長としてaiboの開発責任者のほか、ソニーのモビリティへの取り組みである「VISION-S」を担当。21年ソニーグループ常務。22年9月から現職。

——2022年9月にソニー・ホンダモビリティが誕生して2年がたちました。この2年間をどう振り返りますか。

あまり振り返っている時間がない。現在進行形でAFEELA発売に向けて進めているので、先を見ている時間の方がはるかに長い。レビューという意味で過去2年間の振り返りはするが、振り返ったところで全てがクリアになるわけでもない。だから、この先を考えていく方にしか頭は向いていない。外的な環境変化に対応するため、さらに準備しないといけないこともたくさんある。自分たちの持ちネタをずっとブラッシュアップし続けている感じだ。

世の中の自動車のトレンドという点では、これまでにソニー・ホンダが想定してきた方向性はブレるどころか、むしろより研ぎ澄まされてきたと思う。ソニーが試作した電気自動車（EV）VISION-Sを最初に出した20年ごろは、車内エンターテインメントを言っている会社はそうなかった。モビリティの世界がようやく自分たちの方に来たのかなと受け止めている。この数年で人工知能（AI）が劇的に進化した。

そのＡＩの技術との組み合わせが自分たちの大きな要素になっている。

――ソニー・ホンダを設立した2年前の世界はＥＶシフトが急速に進んでいました。ですが、現状では米テスラも販売の伸びが鈍化して収益力が低下しています。逆風だと感じていませんか。

ＥＶを取り巻く環境は変わってきていると思うし、市場の状況も変わってきている。ただＥＶには山や谷があって、伸びるときもあれば少し踊り場のときもあるとの見方をしている。だから大きなトレンドの中では今後も電気をベースにモビリティは進化していくと思う。エネルギーや充電環境の問題もあり、国の施策によって進化のスピードも違うだろう。その中でいろいろな提携の話はこれからも増えていくと思う。業界の中での協力関係もあれば違う業界でもあるだろう。それこそソニーとホンダという組み合わせも典型的な業界を越えての提携の一例だろう。

いまプラグインハイブリッド車（ＰＨＶ）が広がっているが、（内燃機関と電気の）どんな組み合わせのものが出ても構わないと思うし、自分たちがフォーカスしていくのはEVそのものではない。移動の元になるところはホンダさんの強みがあり、そこをソニーと一緒にやることで大きな力になると判断をしている。ソニー・ホンダの強みや注力すべき領域はそのベースの上にどんな付加価値を載せていくかだ。

——25年のAFEELAの受注開始までもうあと1年。残っている課題は。

（笑いながら）それは多岐にわたる。純粋にクルマづくりのところもそうだし、ソフトウエアやアフターサービスのところもある。自分たちがAFEELAを世に出していくためにはバリューチェーンを整備しないといけない。ただモビリティのハードを売るだけでなく、自らで（エンターテインメントなどの）サービスもやっていくのでやることはたくさんある。モビリティを発売した後には納車や保険に整備、中古車まで含めると様々な関係者がいる。そういう方たちとソニー・ホンダがどうお付き合いするかも重要になる。

――22年3月にソニーとホンダが提携を発表したときから両社が手掛けるEVは「高付加価値EV」と宣言していました。どれほどの価格帯になるのでしょうか。

それはまだクリアにできない。いま目下の対応に追われ続けているのはAIだ。AFEELAを発売してからもAIはずっと進化していく。だから常にアップデートしていく。AIでいうと自動運転とかADAS（高度運転支援システム）の領域。それから米マイクロソフトとの提携を発表した対話型AIの開発だ。そこにAIの関わりは強くなる。

――ソニー・ホンダの社長兼COOの立場としての難しさは何でしたか。

当初は200人でスタートした人員が300人を超すまでに急成長した。そうすると全員を同じようなマインドセットにするのが結構難しい。わずか2年の間でも、当初から関わってきた人ときょう入ってきた人たちでは、その差が大きい。その間にいろいろなことが変わっているので、同じ意識にするのはすごく難しい。だからパーパス（存在意義）を含めてソニー・ホンダとしての基本的な方針をいくつかまとめてある。誰がいつ入社してきても我々の基本方針はこれだ、と説明して理解してもらえる羅針盤的な仕掛けをつくっておかないと。

いまもまさにその最中だ。私はソニーでしか働いた経験がない。ソニーの創業来70何年かの歴史の中で来ているので。新卒で入って見たソニーと、ソニーに所属せずに外から見たソニーに違いはないかもしれない。でもソニー・ホンダの場合は社会的に十分に認識されるほどの歴史はまだない。外からどう見えているかも分からない。内部からの認識とも多分違うだろうし。スタートアップならではの難しさというのは改めて認識した。でもこれは面白さでもある。

――いま中国ではEVシフトが進む中で日系メーカーがかなり苦戦しています。日本のものづくり産業の競争力をどう見ていますか。

中国はＥＶの進化が独自路線になってきたと思う。それが良いか悪いかではなくて、消費者から求められている方向感が中国に特化してきたのではないかなと思う。だから中国市場に合わせたクルマづくりをしていかないと、なかなか中国の市場の中で生き残っていくことは難しくなっている。それがＥＶの位置づけだと思う。一方、日本を含めた他の欧米諸国で走っているクルマはまだそこまでＥＶに特化したものが求められていない。それが現状だと認識している。確かに方向感は変わってきているが、良いか悪いかで判断するものではない。ＥＶそのもののスペックや、将来のモビリティがどういうものになるのかを考えると、中国の進化の仕方は少なくともソニー・ホンダが考えている方向感に近いものはあるのかなと思う。

――世界の自動車産業の動きでは何を注目して見ていますか。

多くの事柄をウォッチするようにしている。技術的な観点でいうと、部品を納めている企業は当然に欧米の自動車メーカーだけでなく、中国側も見ている。そういう部品メーカーの方々はどちらのマーケットでも適用できるようにビジネスを展開している。その中でもスペックが高いものを求められるのはやはり中国だ。その中国の動きにどんどん合わせてクルマづくりをしていこうとなると、従来型のクルマづくりをしている人たちがどんどんと置いていかれる可能性はあると危惧している。

Chapter 6

異業種が起こす化学反応
開発陣11人の横顔

両社の不文律を破っていよいよ動き出したＡＦＥＥＬＡプロジェクト。ソニーグループとホンダから集められた精鋭たちは、覚悟を持って挑み、新たな境地を切り拓こうとしている。開発を担うソニー・ホンダモビリティ社員らの葛藤や決断、新たな融合が「化学変化」を起こす。

クルマの顔にメディアバー「本気ですか」

「クルマ開発者の立場からして『本気ですか』と思いました」。ソニー・ホンダのある開発者はＭｅｄｉａ Ｂａｒ（メディアバー）について当初こう受け止めた。ＡＦＥＥＬＡの試作車には従来の自動車と全く異なるものが備え付けられていた。それが「メディアバー」だ。車の前部と後部に取り付けられた細長いディスプレーで、文字やイラストが動いて表示される。

車内に大きなディスプレーを設置することは一般的になってきたが、車外となると

CESでは天気やスポーツの試合結果などをメディアバーに表示した

熱や雨、振動に十分耐えられなければならない。いつ何がきっかけで導入が決まったのかは極秘だ。「いろんなアイデアをトライする中で、ある日突然登場した」とされる。

UI（ユーザーインターフェース）やUX（ユーザーエクスペリエンス）を担当した小松英寛。彼の見方は、開発当初は「半信半疑」だった。ソニーの電気自動車（EV）試作車VISION-Sを担当し、ホンダとソニーが極秘で開いたワークショップからプロジェクトに関わってきた小松。「法規的な問題もあり、使える色の制約もある。『宣伝カー』にするわけにもいかないと思った」。一方で「今までなかった新しいコミュニケーション体験を世界に先駆けて提案していけるんじゃないか」との感触もあった。

様々な議論が交わされるなか、ソニー・ホンダの内部では幹部も含めてメディアバーを「本気でやろう」との考えが醸成されていった。ただ、開発陣が共通して認識するのは「導入に高いハードルがある」ことだ。

ハードルの1つは、クルマの最重要要件である安全性の担保への影響だ。通常、自動車は衝突時にボディーが潰れることで衝撃を吸収し、キャビン内の乗員を守るように設計されている。どうクルマを潰すかはボディー設計の肝。そこにメディアバーをつければ車体設計上「余計なもの」になる。

「テクノロジー的に自動車産業は遅れている」

開発メンバーたちは、乗員に危害が加わらないようメディアバーを衝突時にどう変形させて衝撃を吸収するかに苦戦していた。ディスプレーの防水性能を満たそうと設計すると、ヘッドライトと同様にカチカチになる。これを粉々にするのは難しい。できるだけ材質を薄くする設計など、構造上の議論が続いた。

車体設計のプロの立場から、当初はメディアバーに懐疑的だった開発者の1人は、「世の中はどんどん複合化や知能化が進むなか、自動車メーカーは走る・曲がる・止まるに一生懸命だった。テクノロジー的には遅れている。もう正直、普通の人が走る分には自動車としての差はない。そうなるとやはりメディアバーのようなものが価値の源泉になる」と強調した。

UIやUXを担当する小松英寛

ソニー・ホンダは2022年10月の設立記者会見時に、外部のクリエーターやパートナーと積極的に協業していく考えを示した。23年1月のCES発表時はメディアバーに天気やスポーツの試合結果、

「スパイダーマン」といったキャラクターなどを表示してみせた。ただこれはあくまでソニー・ホンダが考える一例に過ぎない。「我々が思いも寄らない使い方を外部から求めたい」とソニー・ホンダ社長兼COO（最高執行責任者）の川西泉も社内外で話す。

小松は「クルマでの情報発信を考えたことがない人たちと、すごく新しいことを一緒に考えるきっかけになっている」と期待を隠さない。メディアバーを含めたAFEELAについて小松は「本当にこれでいいのか、これで売れるのかと思うこともある。でもそれをやり切って10年後くらいに振り返ると、『世の中に先行して挑んだ』との思いになるはず」と語る。

未知なる挑戦が、それまでのソニーとホンダにない経験を開発陣に与え、融合によって個々人に新たなエネルギーを生み出している。

AFEELAは新しいブランドの新しい商品であるため、過去に買ってくれた顧客はいない。どうしても他社からの乗り換えになる。ではなにが必要か。開発メンバーらはその鍵を「愛着」に求める。「新しいブランドをつくるときにはどれだけ愛着を感じてもらえるかが重要だ」との信念がある。既存のクルマにはない仕組みがその愛着を支えていく。メディアバーもその1つだが、ほかにもある。例えば自動ドア。前席と後席の間の骨格であるBピラーにセンサーを備え、人が近づくと自動でドアが開く仕組みだ。

小松は「モビリティはチャンスの塊」と表現する。センサーで人の動きを検知するにも車室内は人が座っているので検知がしやすい。ソニーのテレビ「BRAVIA（ブラビア）」もセンサーで人のいる場所を検知して最適な映像を映し出す機能があるが、車室内のほうがはるかに様々な挑戦ができるとみている。小松は語る。「進化や成長の実感を顧客に感じ取ってもらいたい。クルマがどんどん自分にフィットしていく様をどう実現するか。それを自分の手でやりたい」

エンタメ視点で開発
車内を「スパイダーマン」の世界に

「価値観は十人十色どころか20色くらいあって、どんどん変わる」

ソニー・ホンダの事業企画部プロダクトサービス企画課でプランナーを務める山崎雄太はこう話す。山崎は16年に商用車メーカーからホンダに転じて「シビック」など代表車種の商品企画を担い、こう感じるようになっていた。いかに飽きさせず、快適に使い続けてもらうか。ポイントの1つが車内での過ごし方で、そこでは個人の嗜好を反映しやすいエンターテインメントが大きな要素となる。AFEELAには従来のクルマにないエンタメの仕掛けを盛り込んだ。

事業企画部プロダクトサービス企画課でプランナーを務める山崎雄太

映画「スパイダーマン」に合わせて内装全体が赤いイルミネーションになる（23年1月、米ラスベガス）

例えば、運転席と助手席のダッシュボード全面に配置した2枚の大型ディスプレー。そこで車内のテーマを映画「スパイダーマン」と設定すると、インテリア全部のイルミネーションがスパイダーマンのテーマ色である赤に変わる。山崎は「技術者やデザイナーと三位一体となって話し合ってきたアイデアの一例」と胸を張る。

「ソニーは発想が面白い。カーナビゲーションも自動車メーカーは道案内のためのものと捉えるけれど、ソニーはゲーミフィケーションの要素を付加する。発想や観点が少し違う」

山崎は21年秋にソニーとホンダが実施したワークショップに参加していた。ここでは両社の強みを持ち寄り、いかに新しいモビリティの価値を実現するかを話し合った。同社誕生を知る立場にある山崎にとっても、ソニーから得る気づきは多い。「映画やゲームのキャラクターを通知用途で登場させてはどうか」「ポイントを稼ぐ要素を新たな移動体験として盛り込んだら面白そう」。カーナビについてエンタメ視点で出てきたアイデアが、山崎には新鮮に感じられた。23年2月末から1カ月間、米ロサンゼルス近郊にある米ソニー・ピクチャーズエンタテインメントのスタジオで協業相手を見つけるべくAFEELAを展示すると、映画・映像関係者が集まり「我々ならこんな取り組みができる」と多くの提案が寄せられた。協業が拓く新境地。プランナーの山崎は新たな可能性をつかむきっかけを、今も外に探し求めている。

ヨークハンドルに ホンダの知見

エンタメに一日の長を持つソニー。ただ同社のコンテンツを生かす車内空間の実現には、ホンダの知見が欠かせない。「ソニーだけではできなかった」と話すのは、ソニー・ホンダのＥ＆Ｅシステムアーキテクチャ開発部に所属する有門智弘。ソニー出身でソフトウエアエンジニアを務める有門の視線の先にはＡＦＥＥＬＡのヨークハンドルがある。

有門智弘は情報と娯楽を組み合わせたインフォテインメントの開発を担当する

ヨークハンドルは通常の丸いカタチではなく、Ｕ字の形状で視界が広がり運転しやすいという特徴がある。ダッシュボードに表示されるコンテンツもハンドルに邪魔されず見やすくなり、ＡＦＥＥＬＡの強みを生かすために重要な意味を持つ。

有門は半導体業界などを経て12年にソニーのモバイル子会社に入った。ＡＦＥＥＬＡに先立ち18年に開発が始まったソニーのＥＶ試作車に当初から携わり、車

独特の形状であるヨークハンドルはホンダの知見を生かして開発した

載インフォテインメント開発を担当した。

インフォテインメントとは、インフォメーションとエンターテインメントを組み合わせた造語。情報取得と娯楽体験が一体となったサービスやシステムを指す。

当時もヨークハンドル採用のアイデアはあったが実現しなかった。

「クリアすべき点をソニーだけでは解決できなかった。ホンダが持つクルマづくりの知見や蓄積を生かして進めることができた」と有門は明かす。

ヨークハンドルの採用には、それがクルマの動き方や運転にどう影響するのかを調べる必要がある。ただソニー単独ではそれができない。そこでホンダが実証し、AFEELAに導入できると確信したのだという。ハンドルはクルマという空間と人をつなぐ重要なインターフェースの1つ。「運転に使うのが一番の目的だけれども、(エンタメなどを)支援する役割があってもいい」(有門)。23年のCESでは、米エヌビディアが韓国の現代自動車やボルボ・カー(スウェーデン)などに車内でのクラウドゲームサービスを提供すると発表するなど、エンタメは世界の自動車大手も着目している。走行性能の違いを訴えることが難しいEVだからこそ、エンタメに価値を求めるのは他社も同じだ。

「遅かれ早かれ誰かがやるはずだったし、利用者にとってはすごくいい流れだ」。山崎の淡々とした口調は自信の表れでもある。自宅のリビングやスマートフォンでできる体験をそのままクルマに持ち込むだけでは、真の新たな価値提供とは言いがたい。

フロントガラスの大きな画面を活用すれば、テレビとは違う見せ方を実現できる。あるいは、周囲が音で満たされたような感覚になるソニーの立体音響の技術も載せられる。「我々はクルマの中でなければできない体験にフォーカスし、新しいエンタメを世に問うて皆に認められるデファクトスタンダードにしたい」と、有門の鼻息は荒い。日本が誇る革新企業がタッグを組んで新領域の覇を競う。群雄割拠の戦国時代を勝ち抜くべく、ソニーとホンダは互いの知見を出し合いながら挑み続けている。

守る安全
創る自由時間

本田技術研究所でF1のECU開発にも携わった弘間拓二は、自動運転など安全領域を担当する

「安全には徹底的にこだわる。安全なクルマだという保証があれば、いろいろなことができる」

ソニー・ホンダで自動運転を開発する弘間拓二がこう語る背景には、ホンダ在籍時に「レジェンド」を開発した際の想定外の経験がある。同車には一定の条件下で運転操作が不要になる自動運転「レベル３」を搭載し、世界で初めて国の認可を受けた。

世界初の安全性能を追い求め、実際に市場投入もできた。顧客に喜んでもらえると思っていたが、想定外の声を聞き、衝撃を受けた。「運転の緊張から解き放たれてこのクルマはすごい楽になるけれど、ちょっとヒマになるね」。顧客のヒマをどのように満足につなげるか、ホンダ時代の弘間はもどかしい思いをしていた。

「企画やデザインなどクルマの上流から関わりたい」との思いでソニーに転職した小路拓也

ソニー側にも、合わせ鏡のような課題があった。ソニー・ホンダで弘間とともに自動運転を開発する小路拓也は「車室空間をよりよいものにしようというのはＶＩＳＩＯＮ－Ｓのときから考えていた。全てのベースとして安心して乗れる安全なクルマがあり、その上に快適性やエンタメ、コンテンツを持ってくるという考え方だ」と振り返る。

大手自動車メーカーからソニーに転じた小路。ソニーには安全に関わる機能をクルマに搭載して量産することに課題がある点を認識していた。

そこにソニー・ホンダが誕生した。弘間は「自動運転で楽になった暁には、やはり楽しませたい。エンタメやコンテンツに強いソニーと組むということで、この解き放たれた空間の使い道を楽しく自由に考えられる」と期待する。小路も「品質やモノをつくり上げる技術は積み上げるもので一足飛びには行けない。クルマや安心・安全機能を量産に持っていく力はやっぱりホンダが持っている」と世界に先駆けてレベル3を実用化したホンダを高く評価する。AFEELAは高速道路などでレベル3、そして一般道などでは、より広い条件下でドライバーの運転を支援する「レベル2＋」を目指すとしている。

ただ、レベルはあくまで指標の1つだ。弘間や小路が「目指す作品像」はもっと人間に寄っている。「ドライバーが疲れているときに負担を軽減して、高速道路では条件次第で完全に運転を任せられるクルマ。まずは人間の運転行動を分析し、それを機械で実現するアプローチを取る。そしていつかは、人間を超えたい」と弘間は意気込む。その実現のために、ＡＦＥＥＬＡの目玉の１つとなったのが、車両のフロントやリア、そして車室内に所狭しと取り付けられた計45個のカメラやセンサーだ。このカメラやセンサーで車外の情報を検知したり、車内の乗員の状況を把握したりする。

小路は「車内にいる人の状況を細かくセンシングし、車内での体験やクルマの動きにも生かそうとすると結果的にその数になった」と話す。その中で特徴的なのが運転席と助手席の間の上部に搭載した「タイム・オブ・フライト（ＴｏＦ）センサー」だ。これは光源から放射された光の飛行時間で対象物との距離を測定する特殊なセンサー。車内にいる人の動きを精緻に検知する。ソニー・ホンダは「具体的な使い方はまだ話せない」とするが、「エンタメのベースとなる安全・安心」を実現するとしている。

ホンダが21年３月にレベル３のレジェンドを競合に先駆けて市場投入して以来、レベル３以上の乗用車は独メルセデス・ベンツグループの「Ｓクラス」などを除けば、研究開発や実証実験程度にとどまる。一時期の「ブーム」から比べると自動運転開発は停滞しているようにも見える。

弘間は「（業界は）現実を目の当たりにして、軌道修正している時期だとは感じる」と話す。だが「だからといって性能の向上をここで諦めるというのは全然違う。運転支援や自動運転の性能は上がれば上がるほど確実に安全に近づいていく。その安全性を高めていくのが最も重要だ」と続ける。

弘間はホンダ時代、フォーミュラ・ワン（Ｆ１）の開発チームにも所属した。プレッシャーの中、短期間での成果が求められる特殊な雰囲気はいまのソニー・ホンダにも感じるという。「苦しさの中に楽しさがある」。安全機能の向上でできた「ヒマ」にエンタメやコンテンツの力でどんな付加価値をもたらせるか。ソニー・ホンダだからこそできる機能の提供に向け、弘間や小路の開発はつづく。

クラウドで車と対話
源流はロボ「ｐｏｉｑ」

「どれだけ早くユーザーのニーズを捉え、それに早く対応していくかだ」

ソニー・ホンダのE&Eシステムアーキテクチャ開発部の高橋正樹は、AFEELAのEV実用化に向けた自らのミッションをこう語る。クラウドを含むソフトウエアアーキテクチャーの開発を主導する立場だ。ソニーでもクルマ好きで有名だった。上司から誘いを受け、「面白そう」との思いから即答でソニー・ホンダへの参加を決める。

クラウドを含むソフトウエアアーキテクチャーの開発を主導する高橋正樹

変わりゆくニーズに対応するために買った後も進化し続けるクルマ――。その実現に不可欠な技術が、テスラが先行したソフトウエアの機能をネット経由で更新する「オーバー・ジ・エア（OTA）」だ。高度な運転支援機能の更新など、クルマの価値そのもののアップデートにつなげる。

高橋は自らのキャリアを生かし、ＯＴＡ実現への算段を考えている。ソニーに03年に入社し、パソコンなどを担当。18年発売の犬型ロボット「ａｉｂｏ」や22年に発表したエンタメロボット「ｐｏｉｑ（ポイック）」の開発も担った。

そして、ＡＦＥＥＬＡ。自動運転などの頭脳となるシステム・オン・チップ（ＳｏＣ）に米クアルコムの「スナップドラゴン・デジタル・シャシー」を採用し、ソニー・ホンダのソフトと組み合わせる。ソニー・ホンダは自動運転向けに、1秒当たり800兆回以上の演算が可能な高性能ＳｏＣを搭載する方針をかねて示していた。

なぜクアルコムを選んだのか。クルマはスマホと異なり、1年や2年での買い替えは少ない。5年、10年のスパンで乗る人もいる。そのため「ＯＴＡで機能をどんどん追加する場合に10年耐えられるモノという観点で選定した」（高橋）。ソニーとクアルコムの関係は深い。ａｉｂｏやスマホのＸｐｅｒｉａもクアルコム製のＳｏＣを採用した。

「自分が関わってきたａｉｂｏやｐｏｉｑのほか、Ｘｐｅｒｉａなども含めスナップドラゴンの性能を引き出せると思っている」のだという。OTA実現にこれまでの経験を生かすのはSoCの選定だけではない。クラウドをいかに使うかもポイントとみる。ソニーは自動車業界でいうところのOTAを既にクラウドを使って実現してきた。aiboのクラウドサービスはアマゾン・ウェブ・サービスの「AWS」を活用し、ユーザーの嗜好にあわせロボットの振る舞いが進化する。

poiqもロボットが喋り踊る際の基礎データは全てクラウド上に保管してあり、そこから喋る内容をロボット本体に伝える仕組みだ。人との対話を通じてユーザーの興味や関心に沿った知識を学び、それを対話に活用することで人とのコミュニケーションを充実させる。

「poiqは僕がつくったものの中で、一番クラウド化された製品。クルマにどう応用するか。僕の想像はまだ足りてないかもしれないが、クルマがユーザーに何かをリコメンド（推薦）する機能はクラウド上で実現するかもしれない」と高橋は未来を見据える。

ＯＴＡで進化するクルマにクラウドは不可欠だ。同じクルマに10年近く乗り続けると新しい技術が登場し、予想だにしない機能が必要になることもある。その際に備え「車両側、クラウド側の双方でＯＴＡの最適な仕組みを検討している」と話す。そのクラウドも万能ではない。ＡＷＳや米マイクロソフトの「Ｔｅａｍｓ」などのクラウドサービスは不具合も起きる。自動車も膨大な車両データをクラウドとやり取りするとシステムに負荷がかかり、判断が遅れかねない。事故リスクにもつながるため、自動運転などに使うのは危険との意見もある。

そこで必要になってくるのが、協業メリットだ。「ホンダからはクルマならではのプロセスを一番学んだ」と話す。ソニーで手掛けてきたロボットは、ソフトウエアの領域に関しては厳密な法規はなかった。端的に言うと、好き勝手にできたわけだ。ただ、クルマは違う。ブレーキは制御システム1つを取っても法規で決まっている。「自分のつくったソフトがそういった仕組みで守られているのは大きい」と話す。協業は高橋自身にも大きな変化をもたらした。「ホンダから来る人はみんな優秀。話もツーカーで通じ、ノリも近い。今まで他社だったのかよく分からないほどだ」。高橋はホンダとの協業について笑いながらこう話す。ソニーから多くの製品を世に出してきた高橋にとってもＡＦＥＥＬＡは「絶対に世に出したい製品」と言い切る。23年春、「今まで経験してきた新事業の立ち上げ期はお祭りみたいな雰囲気だった。ソニー・ホンダは今はまだ落ち着いているが、これからお祭りになってとんでもなく盛り上がる」と楽しみにしていた。

凹凸ないデザインの挑戦
個人の体験にひも付ける

ホンダ出身でＡＦＥＥＬＡのデザインを担当する鳥山大輔は「ごまかしがきかない。すごく怖い」と胸の内を明かす。デザイン全体に共通するテーマは「シンプル」。シンプルであればあるほど、車体の滑らかさや造形のバランスなどのごまかしがきかなくなる。実際、試作車は凹凸がないつるっとした外観が特徴だ。テスラの車両も装飾が少ないが、ここまで徹底しているのは珍しい。なぜそこまでシンプルにこだわるのか。「景色やその時間帯特有の日差しが映り込んでクルマの見え方が変わるようにする。乗車したときの体験を主役にしたい」（鳥山）からだ。鳥山はこの車体に様々な景色が映ることをイメージする。「建物が反射して車体にラインができる。クルマが走れば、ラインも動く」

次世代モビリティのキーワードの1つは「変化」だ。OTAで最新技術を取り込む時代。だが、OTAで車載ソフトを更新できたとしても、ハードウエアとしてのクルマはアップデートできない。そこで注目したのが移動だ。目的地に赴く際に刻々と変わる風景を車体に映し出せば、クルマ自体は変わらなくても、移動という個人の体験にひも付く形で見た目を変えられると考えた。

デザイン開発をけん引する鳥山大輔

鳥山らはこうした外装を実現するためにデザインの常識から一歩踏み出すこと

にした。自動車会社はこれまで車両がどこにあっても、見え方はある程度同じになることを重視してきた。場所によって見え方が変わるということは歓迎されていなかったが、ＡＦＥＥＬＡはこれに逆らった。

具体的には車体に注目を集めたり、メリハリをつけたりするために使う「キャラクターライン」を極力取り除いたのだ。そこには「議論はいろいろあった」と鳥山は打ち明ける。キャラクターラインは自動車会社のデザイナーには当たり前で、無意識でも入れたくなるもの。ただソニー出身者から「なぜここにこの線が入っているのですか」と問われると、うまく答えられなかった。「そういえばなぜ線があるのかと思うこともあった。一つずつ話し合い、いらないものはなるべく取った」（鳥山）という。

シンプルで個人の体験を反映するコンセプトは内装も同様だ。内部の色みは白とグレーの間のライトグレーが基調になっている。鳥山と同じホンダ出身で、色や生地素材のデザインを担当する小林美絵は「紙のような白にはしたくなかった。冷たい印象になってしまうから」と語る。

小林は「家の壁や天井を考えると真っ白なものはあまりないはず。車内も自分の好きなものを置いたときに調和を生み、安らぐことができるような色を目指した」と語る。乗る人それぞれが異なる印象を抱き、自分だけの体験ができるという点は内装にも共通する。

この価値観を生み出すために工夫したのがシートやドアの内張り、フロア部分など内装全体を覆う生地だ。

内装の生地素材を担当する小林美絵

AFEELAのプロトタイプにはスエードと合皮、布地の3種類を採用した。表面の凹凸や風合いなど、生地自体が持つ特徴を生かすことを意識。「車内でエンタメを楽しめる空間をつくるために、この生地が居心地の良さを高めることにも寄与している」と小林は解説する。クルマの各所で通底するシンプルなデザイ

AFEELAのインテリア

ンというコンセプト。開発当初は「こんなにシンプルにしてもいいのかな」(鳥山)と葛藤も大きかったという。ただ、方向性が決まったからには腹をくくった。

頭をよぎるのは、やはりシンプルなデザインでファンを魅了し続ける米アップルのiPhoneだ。自動車大手や新興勢が新しいEVをひっきりなしに投入し続けている今、「AFEELAはやりきらないと埋没してしまう」との危機感がある。

自動車業界の固定観念を覆すデザイン手法は、ソニー・ホンダだからこそ実現できるものでもある。「美は細部に宿るというが、そういう開発が実践できている」と小林は話す。伝統的な自動車会社には他モデルと共用する部分があったり、これまでの車種に使ってきた機能に対応する色を使ったりするなど、開発において一定の流れがある場合が少なくない。

効率的に開発するだけでなく、顧客を離さないために必要な要素でもある。ただ、時には自由な発想の妨げにもなる。それがソニー・ホンダでは「内装に使うガラスや樹脂の触感というすごく細かいところまで時間をかけることができた」と小林は胸を張る。

ＡＦＥＥＬＡがデザインを公表したのは23年1月。一方、発売は25年だ。発売の2年前に、クルマのデザインを公表するのは異例だ。お披露目後、デザインについてインターネットなどでは様々な反応があふれた。鳥山は「いろいろな人の意見が得られるのが今までになくて面白い。いい意見は柔軟に取り入れたい」と受け止める。デザインは発売時には変わる部分もありそうだ。それでも変えたくない部分はどこか。鳥山の答えは明快だ。「つるっとした車体の表面の部分かな。表現したいことは変わらない」

デザイナーが手掛けたパーパス「人を動かす。」

「どんなクルマをつくるのか。言語化すれば想像できる。言葉は最も簡単なプロトタイプだ」。ソニー・ホンダのデザイン＆ブランド戦略部に所属する北原隆幸はこう話す。ソニー出身でデザイナーとして製品開発やブランディングに携わった。ただ、北原が担ったデザインはクルマではない。新会社そのもののデザイン。会社の存在意義、つまりパーパスだ。ソニーは社長だった吉田憲一郎のもと、「ク

ブランディングを担い、新会社のパーパスをつくった北原隆幸

パーパスを表現する画像にはクルマを置かなかった

リエイティビティとテクノロジーの力で、世界を感動で満たす。」というパーパスを19年に掲げ、業界に先駆けてパーパス経営を進めていた。

22年3月にソニーとホンダが提携を発表した際に決まっていたのは「EVをつくること」だけ。新会社の名前やAFEELAというブランド名はもちろんのこと、事業の方向性や新しいクルマの顧客層や価格帯など、ほぼ全てが白紙だった。製品や企業文化が異なる2社の従業員が集まった新会社の価値観や、目指すものとは何か。「みんながモヤモヤと思っていることを同じ言葉にし、形づくることができるのがデザイナーだ」と北原は強調する。

ソニーには創業して間もない時期からクリエイティブセンター（旧デザイン室）と呼ばれる組織がある。最高経営責任者（ＣＥＯ）直轄で、デザイン視点で経営層にコメントすることもある。北原はこのクリエイティブセンターで働いた経験を持つ。ソニー・ホンダは協業発表後、エンジニアやデザイナー、経営企画出身者などを集めた小規模なワークショップを何度か開いた。ある日、ソニーのクリエイティブセンター長、石井大輔が参加者に呼びかけた。「まずやらなきゃいけないのはパーパスづくりだ」

北原はその中心となった。ワークショップの参加者に、それぞれの会社の価値観や他社との違い、新会社や新たなブランドで何を目指すのかなどについてアンケートを実施した。会社設立前のため、極秘プロジェクトとしてインターネットを介さず手書きで答えてもらうこともあったという。こうしたソニー側から出てきた動きに、ホンダ出身のメンバーは当初は戸惑いつつも徐々に呼応する。ソニー・ホンダの会長兼ＣＥＯでホンダ出身の水野泰秀は「かなり早く議論したのが良かった」と振り返る。

ホンダにも基本理念などを盛り込んだ「ホンダフィロソフィー」があり、大きな目標を最初に置くことはソニーと共通だった。アンケートやワークショップで浮上したキーワードを抜き差ししたり、並び替えたりしてパーパスがようやく完成。22年10月の新会社の発表会で水野らが公表した。「多様な知で革新を追求し、人を動かす。」

言葉の一つひとつに意味がある。

「多様な知」にはソニーとホンダの切磋琢磨（せっさたくま）だけではなく、協業する企業やクリエーター、AIも含んだ技術と共に高め合うという意味がある。

末尾の「人を動かす。」は、ソニーが経営の方向性として掲げる「人に近づく」、ホンダの「多くの人の夢を後押しする」との思いを込めた企業スローガン「The Power of Dreams」の考え方を集約。策定の議論には水野や川西も加わった。ここまでパーパスにこだわるのは従業員をまとめるためだけではない。サプライヤーやクリエーターなど、様々な協業先が生まれることを想定しているからだ。北原は「今後、事業が広がったときに同じ思想でいつづけられるかが大事だ」と強調する。

実際、AFEELAのプロトタイプを披露した後、米エピックゲームズやクアルコムとの協業も発表している。25年の発売が近づけば協業の幅はさらに広がるはずだ。

この先、ＡＦＥＥＬＡに携わる人がさらに増えてもパーパスを理解してもらうためにはどうすべきか。北原らはパーパスを表現する画像にもこだわった。画像では丘の上にたたずむ人が薄暗い空に浮かび上がる光を見ている。クルマはない。これは「クルマというより、移動に重きを置いている。人が移動することで生まれる気持ちの変化を重要視する」との思いからだ。

夜明け前の空を表す色彩にも理由がある。ダークブルーはソニー、赤はホンダのコーポレートカラーを連想させるようにした。「この色がグラデーションでつながる形で、モビリティの夜明けがあると表現した」（北原）。２社の協業でエンタメや自動運転などを活用するモビリティの、新たな価値観を生み出したいという思いを表現している。

ソニーとホンダが手を携えてＥＶをつくる。文章にすると簡単だが、業種の異なる歴史ある２つの会社出身の社員が１つの会社をつくり、企業文化をゼロから醸成することは易しいことではない。自社の価値観やDNAを徹底的に見つめ直し、言葉に変えることで求心力とする。この考え方はソニー・ホンダのような新しい企業だけではなく、事業環境の劇的な変化に見舞われている老舗企業にこそ求められているのかもしれない。

「AFEELAは知られていない」新会社で米国攻略

ソニー・ホンダ設立から1年3カ月たった23年末。ソニー・ホンダのコーポレート領域を統括する副社長の山口周吾が苦闘の日々を振り返った。

「この1年、毎日いろいろなチャレンジがあり、苦労や葛藤を抱えながら社員が頑張ってきた。最初は疲ればかりだっただろうが、ようやく筋肉になってきた」

ソニーとホンダからの出向者計約200人でスタートした組織は、ITやソーシャルメディアなど異業種からの新メンバーも加わり、24年5月時点で約300人ほどの陣容となった。

「過去、多くの新事業を手掛けてきたが、それらの最初の1年と比べてソニー・ホンダの成長スピードはかなり速いと実感した。新メンバーとの相乗効果も非常に大きい」

山口は1992年にソニーに入社後、30代だった2004年に韓国サムスン電子との液晶パネル製造の合弁会社「S－LCD」設立に携わった。06年にはコニカミノルタから技術陣ごとカメラ事業を引き取り、現在のソニーの主力製品に育ったミラーレス一眼カメラ「α（アルファ）」を立ち上げた。近年は川崎重工業との折半出資でロボット関連の新会社も設立。「次世代のエース。新事業立ち上げなら周吾」（ソニー幹部）との評価がある。

ソニー・ホンダ副社長の山口周吾

ソニー・ホンダでは、会長兼CEOの

水野、社長兼ＣＯＯの川西に次ぐナンバー3の立場にある。販売やマーケティング、人事・経理といったコーポレート領域を統括する。

ＡＦＥＥＬＡは25年に発売し、26年に北米・日本の順で納車を始める。山口はその販売施策の陣頭指揮を執る。23年には米国に現地の事業を統括する「ソニー・ホンダモビリティ・オブ・アメリカ」を設立し、自身が社長兼ＣＥＯに就いた。

「米国のＥＶ市場でも最大のロサンゼルスエリア。ＡＦＥＥＬＡはまだ米国で知られていないブランドかもしれない。どう認知度を高めて体験してもらうかだ」と話す。オンライン中心の販売を予定するＡＦＥＥＬＡ。販売施策の立案や購入後の保険といった金融、修理を含めた一通りの運営を米国で行える体制をつくる必要がある。

山口は手応えを感じつつも「山登りで言えばまだ2合目。非常に大きなチャレンジをしているので、もっと組織が強くなり、社員がもっと成長していく必要がある」と強調する。そこで2年目を迎えた同社の組織体制強化も主導した。23年秋、ソニー・ホンダの人事部が中心となり社員の行動規範を示す「Ｐｒｉｎｃｉｐｌｅｓ（プリンシプルズ）」を新設した。

「発売や納車に向けて、24年は大切な年になる。社員一人ひとりがどう成長意欲を持って頑張っていくか。自分と会社の成長をどう組み合わせながら実現させていくか。それがいま、ソニー・ホンダで一番チャレンジすべきところ。組織の仕組みとしては一番大事で、個人に委ねるだけでなく、会社としてどう構築するかが非常に大事になる」

ソニー・ホンダは新会社だからこそ、新しいことを自由に言える雰囲気が大切と考える。「会議では、僕が一番突拍子もない、しょうもないアイデアを必ず事前に用意している。それを言うことで『山口さん、そんなバカみたいなアイデアよりは僕の方がまともだ』となっていろんなアイデアが出てくる。それを意識している」と笑う。

ソニーもホンダも大企業であるからこそ、組織や階層の壁、過去の「しがらみ」は現れがちだ。新会社だからこその初挑戦をいかにひねり出せるかが重要だ。

「時間が限られるなかで創造性と効率性のバランスが非常に難しい。いろんな意見がある中でバシッと『これだ』と決められたら速くは進む。だけどやっぱり2つの会社が一緒になった理由である新しいことを生み出すための創造性の議論に時間を多く使いたい。発売までの残り時間とドキドキしながらね」。新事業を数々手掛けてきた山口の未知なる挑戦は続く。

クルマはデバイスにすぎない
開発思想はホンダと一線

ホンダ時代には「ヴェゼル」の開発を主導していた専務の岡部宏二郎

ＡＦＥＥＬＡの担い手として最後に紹介するのは、開発と品質領域を統括するナンバー4、専務の岡部宏二郎だ。「クルマはもうデバイスでしかない」と述べ、デジタル端末と同じようにクルマを開発している。出身母体のホンダでできなかったモビリティづくりに挑む。

1999年にホンダに入社した岡部。ボディーの技術者として衝突安全の研究開発に携わった。その後はSUV「ヴェゼル」の開発に携わり、2018年の一部改良や21年発売の現行ヴェゼルの開発総責任者を務めた。

クルマづくりの「プロ」である岡部だが、自動車業界がモビリティの変化の中で取り残されているような感覚を抱いていた。例えば車載ディスプレー。AFEELAはゲームや映像といった車内エンタメを重視するため、運転席と助手席とをつなぐ2枚の大型ディスプレーを搭載する。一方で従来のOEM（完成車メーカー）は車載ディスプレーの開発はクルマ本体とは「別物」とされていた。

「車載コンピューティングも含めて、こうした技術がなぜアイソレート（分離）されているのかと思っていたし、何とかしなきゃいけないと感じていた」。その原因は自動車業界の特殊性にあると岡部は指摘する。自動車業界にはこれまで「エンジン」という参入障壁があった。異業種の企業ではエンジンをつくれない。そのため「OEMが主導権を握り、外部企業がなかなか入って来れないかたちになっていた」と岡部はみる。

それがＥＶ化の進展で一変した。ＩＴ企業でもクルマをつくれるようになり、これまでのデジタルデバイスの知見が一気に自動車産業に入ってきているのだ。

「ある意味で、クルマはもうデバイスでしかない。我々が開発する対象もクラウド技術やＥＶ購入後に提供するデジタルサービスなど多岐にわたる。単純なプロダクトをつくるだけではない」と言い切る。

だからこそソニー・ホンダのような異業種の連携企業が価値を発揮するとみる。「意見が合わないことなんていっぱいある。だからといって結局同じ考えにしろというのはナンセンス。まだ途上かもしれないが、対話や他者への尊重を通じて、各人が自然体でいられて理解できるような組織になるともっと生産性も上がっていく」

競合として強烈に意識するのはテスラだ。米国におけるＥＶのけん引役であるのはもちろん、生成ＡＩを活用し、自動運転・ＡＤＡＳ（高度運転支援システム）の領域でもゲームチェンジャーになりつつある点に注目する。ＡＦＥＥＬＡもレベル３の自動運転の実現を掲げている。「自動運転はＡＩの大規模モデルを活用する流れになっている。行き過ぎている部分はあるかもしれない。だからホンダやソニーがこれまで培ってきた技術や、協業するパートナーも含めて考えたい」と岡部は真っ向勝負を挑む覚悟だ。

ソニー・ホンダが手掛ける新参者のEVが全米でどのような評価を受けるのか。その答えは26年まで分からない。だが、既に成果は出ていると言えるのかもしれない。AFEELAは、開発を手掛ける現場スタッフから経営トップまで、百戦錬磨の経験をしてきた彼ら彼女らの心に火を付け、新たな挑戦に突き進む行動力へとつながっているのだから。

立ちはだかる壁
仮想敵から見る課題と可能性

AFEELAの発売に向けて歩みを進めるソニー・ホンダモビリティ。だが、電気自動車（EV）をはじめとしたモビリティを取り巻く環境は急速に変化し続けている。遅れてきた参入者を、世界の競合は待ってはくれない。先を行く「仮想敵」のビジネスモデル分析を通じて、ソニー・ホンダの課題や、ソニーグループとホンダの役割を見ていこう。

王者テスラに学ぶ車種投入の流れ

「テスラはすごい。それでいて、泥臭い」

2024年1月、AFEELAとして2度目の出展となったCESの会場で、ソニー・ホンダの会長兼最高経営責任者（CEO）の水野泰秀はテスラをこう評した。

トップを務めるイーロン・マスクの言動などで派手な印象がある米テスラだが、車づくりは愚直に進化を遂げていると認める。

22年10月のソニー・ホンダ設立時の記者会見での水野の反応は違った。競合について問われると、「特に考えていない。テスラがどうだとかの議論もしていない」と素っ気なく答えていた。あえて言わないようにしていたのだろう。しかし、時間が経つにつれ、ソニー・ホンダの幹部らからは、テスラを意識した発言が明らかに増えた。

ＡＦＥＥＬＡの車種ラインアップの投入戦略からもこうした姿勢がうかがえる。まず25年にセダンを発売した後、27年ごろにＳＵＶを投入し、28年以降に量販モデルの小型車を発売する計画だ。これは12年に高級セダン「モデルＳ」、15年に高級ＳＵＶ「モデルＸ」、そして17年に量販セダン「モデル３」を発売したテスラと似た流れだ。

テスラは08年にＥＶ「ロードスター」で自動車業界に参入した。工場などの巨大な設備が必要で、国や地域ごとに法規や認証制度が異なり、リコール（回収・無償修理）を含めた厳格なルールが課せられる自動車産業の参入障壁は高い。単独でのＥＶ参入も検討したソニーが最終的にホンダと組んだのは、これらのハードルが高かったからだ。

テスラとソニー・ホンダモビリティの比較

テスラ	社名	ソニー・ホンダモビリティ
2003年	設立年	22年
垂直統合。開発から生産、販売まで自社で一貫	事業モデル	水平分業。開発・販売は自社、生産はホンダに委託
・モデルS（セダン） ・モデルX（SUV） ・モデル3（セダン） ・モデルY（SUV） ・サイバートラック（ピックアップ） ・小型低価格車（予定） ・新型ロードスター（予定）	展開車種	3車種を計画 （セダン、SUV、小型車）
オンライン販売	販売方法	オンライン販売
180万台（23年）	販売台数	ー（26年に納車開始）
中国（95万台）、米国（65万台）	主要地域	北米、日本を想定

注）主要地域の販売台数はマークラインズ調べ

ソニー・ホンダのビジネスモデルはパソコンやスマートフォンなど、電機業界では一般的な水平分業モデルだ。AFEELAの企画・開発は自社で担うが、生産や部品調達はホンダに委託し、EVはオンラインで販売する。この先例もテスラだ。今でこそ複数の大型工場を構えるテスラだが、最初のロードスターは英ロータスに生産を委託した。EVの販売も自前でディーラー網を整備することなく、オンライン販売を採用した。

水野は「オンライン販売は我々も横

目に見習ってきたが、テスラが10年先行したことで培ったノウハウは大きい」と述べる。今では米国や中国などに巨大工場「ギガファクトリー」を構え、自社生産に切り替えた生産も「当初の委託から『垂直統合』に切り替え、押さえるべき領域を手の内化している。ベンチマークとせざるを得ない」と話す。水野がテスラを「泥臭い」と評したのはこうした変革をやりきる力への率直な称賛といえる。

技術面でもテスラはモデルとなる。24年のＣＥＳではＡＦＥＥＬＡの自動運転に、テスラ同様に人工知能（ＡＩ）を活用した「エンド・ツー・エンド（Ｅ２Ｅ、端から端まで）」モデルを、既に実績があるＣＮＮ（畳み込みニューラルネットワーク）と併用することを明らかにした。

車内外に取り付けた画像センサーなどで捉えた画像を「ヴィジョン　トランスフォーマー（ＶｉＴ）」というＡＩ技術で処理し、周辺の環境認識や予測に生かす。このトランスフォーマーは「ＣｈａｔＧＰＴ」にも通じる深層学習（ディープラーニング）の計算モデルの一種で、テスラが先行する分野だ。

AFEELAの主戦場
あえて「お膝元」

ソニー・ホンダの視線の先には主戦場と位置づける米国市場がある。調査会社のマークラインズによれば、テスラの23年の米国でのEV販売台数は約65万台と首位で、2位の韓国現代自動車グループ（約26万台）の実に2・5倍と大差をつける。まさに「テスラ一強」の状況といえる。

あえて米国市場を見据えるのは2つの理由がある。現地でブランド力があるソニーとホンダのタッグで革新的なEVを訴求できれば、2位以下は混戦の米EV市場で後発のソニー・ホンダにもチャンスはあるとみるからだ。

もう1つの理由が中国勢との競争回避だ。ソニー・ホンダ専務の岡部宏二郎は「EVで先頭を行くのは中国。ただ、中国製EVは欧州やアジアへ進出を強めているが、米国では現状で未参入だ。我々は米国にビジネスチャンスを見いだしていかないといけない」と強調する。

米EV市場はテスラが2位以下を大きく引き離す

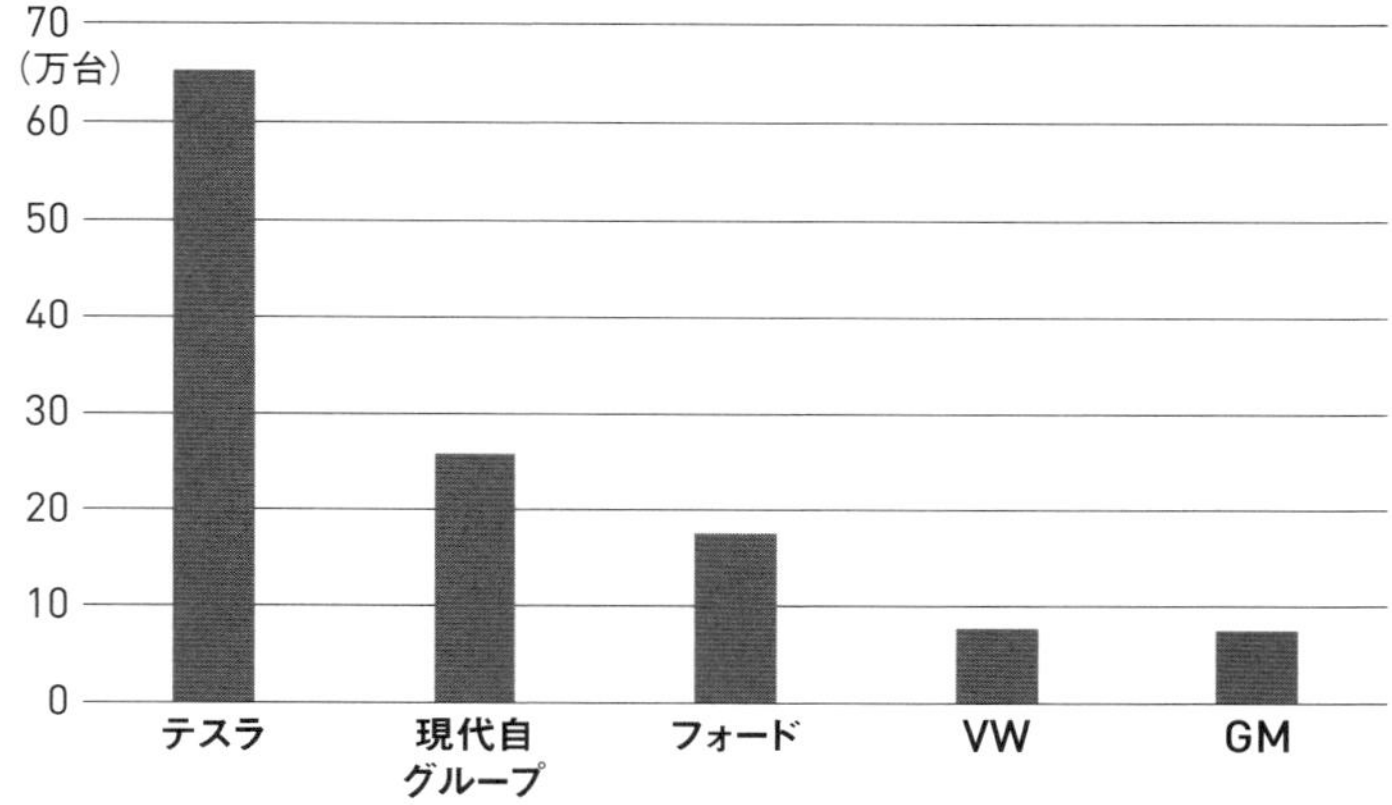

(注) 2023年のデータ、出所はマークラインズ

24年5月、米国のバイデン政権は中国製ＥＶに対する制裁関税をこれまでの25％から一気に１００％に引き上げると発表した。それまで中国製ＥＶはほとんど米国に入っていなかったが、これで当面はますます壁が高くなった。そこに勝機を見いだそうとしている。

いくら中国勢がいないとはいえ、既にＥＶ参入から10年以上の実績があり、世界で年１８０万台のＥＶを販売するテスラに対して、市販車をまだつくってもいないソニー・ホンダが戦えるのか。

ソニー・ホンダとしての１つの答えは、

逆光で前方が見えにくくても、センサーの情報をCG化して運転手に横断歩道の位置を知らせる（写真＝ソニー・ホンダ）

ソニーが世界首位のＣＭＯＳ（相補性金属酸化膜半導体）画像センサーとゲーム技術の融合だ。

走行時の安全面にセンサーとゲーム技術を生かすのも一例だ。逆光時のほか、前方が見えにくい夜間でも、歩行者の有無や天候の変化など運転手が気をつけるべき情報をＣＧ映像にして、車内のディスプレー上に鮮明に映し出すことも検討している。

外部との協業もカギを握る。現在のテスラは車載電池も一部は自社生産するなど、垂直統合の志向を強めている。一方のソニー・ホンダはその逆で多様な知見を組み合わせる戦略だ。「オープンな関係でパートナーやクリエーターとつくりあげるＥＶにしたい」。ソニー・ホンダの社長兼ＣＯＯの川西泉は、かねてＡＦＥＥＬＡの開発方針をこう語ってきた。

実際、ＡＦＥＥＬＡはＥＶの車両データを外部に公開し、スマホのアプリストアと同様に、外部のエンジニアやクリエーターが自由に開発できるようにする。人気ゲーム「グランツーリスモ」を開発したゲームスタジオ、ポリフォニー・デジタルとも組む。同社がゲームセンターなどで提供するシミュレーション技術をＡＦＥＥＬＡ実車に応用し、「人の感性・官能領域でバーチャルとリアルを融合させた車両開発を目標とする」。（川西）

ＩＴ企業などとの外部連携について水野は「単独では資金もかかる。我々の重心をどこに置くか決めて、外に任せる部分は取り込んでいく」と話す。

テスラは24年1月、次世代プラットホーム（車台）を使った新型ＥＶの生産を25年後半に始めると発表した。ＣＥＯのマスクは「それが実現すれば、世界のどの製造技術よりも頭一つ抜きん出たものになると私は確信している」と強調した。24年4月には新モデルの生産開始を前倒しすると明らかにしている。

先行者がさらに歩を進める中、フォロワー（追従者）のままでは決して追いつけない。ソニー・ホンダがパーパスでも掲げる「多様な知」の結集がＡＦＥＥＬＡの成否を占う。

敏捷性に潜む罠
ポールスター転落に学ぶ

次なる仮想敵は、米ナスダック市場に上場するＥＶ専業メーカー、ポールスターだ。斬新なデザインと環境負荷の小ささを売りにする同社は、スウェーデンの高級車大手ボルボ・カーから独立した経緯がある。プラットホームなどの部品や製造拠点において、ボルボやその親会社の中国・吉利グループ（浙江吉利控股集団および吉利汽車）に頼る。ホンダの工場を使い、自身はエンターテインメントや自動運転などソフトウエアで個性を出そうとしているＡＦＥＥＬＡと共通する部分は大きい。また、米国などの市場でぶつかるライバルでもある。

広東省深圳市内の大通りに面したボルボの大型店舗。この一角にポールスターの販売店がある。店頭で女性従業員に聞くと「購入者は外国人や留学経験者が多い。自分の顧客も外国人で、独BMWの車を既に所有していて2台目として購入してくれた」と語った。

24年1月下旬、ここに2台の車が展示されていた。1台はSUVの「ポールスター4」だ。価格は約30万元（約600万円）で、白い車体に北極星（ポールスター）をかたどる白いロゴが付いている。

特徴的なのはリアウインドーがないこと。代わりに車両後部に高精細カメラがついていて、リアミラーの位置にあるディスプレーに車両後方の映像を映す仕組みだ。荷物を多く積んでも、遮ることなく後方を確認できるという。

ポールスターは17年にボルボがEV専用ブランドとして立ち上げた。著名自動車デザイナーのトーマス・インゲンラートをCEOに起用（24年10月に退任）。同社のE

Vは奇をてらわず、シンプルを突き詰めたようなクリーンなデザインが特徴だ。30年までにサプライチェーンも含めた二酸化炭素排出をゼロにするとし、欧州や米国で知名度を高めてきた。

ポールスターはボルボや吉利の工場活用に加え、部品を共通化することで開発時間を短縮し、調達コストを軽減する「アセットライト」モデルをとる。同社は「スタートアップの敏捷性」と「実績ある企業の安定性」の長所を兼ねそろえていると強調する。

19年に最初のEVを発表し、販売は3年で5万台に達するなど順調に増加。CEOのインゲンラートは21年時点で「25年までに販売台数は29万台に増える」と強気だった。IPO（新規株式公開）も果たし、一時は時価総額270億ドル（約4兆1000億円）を超え、ボルボを上回った。

そのポールスターに逆風が吹き付けている。象徴が深圳の店舗に展示されていたもう1台のEV「ポールスター3」だ。ボルボの旗艦SUV「EX90」と車台や工場を

ポールスター3は納車が大幅に遅延（2024年1月、広東省深圳市）

共有し、23年10～12月に納車を始める予定だった。

だが、出荷開始の時期は繰り返し延期され、24年夏にずれ込んだ。ボルボのEV車台について、最終的なソフト開発のための追加の時間が必要になったためだ。ポールスター3の出荷延期や、中国での値下げ競争などが響き、23年の販売台数は22年比6％増の5万4600台にとどまった。期初に掲げていた8万台を大きく下回った。

販売が思うように伸びなかったことから、同社の業績は苦戦。23年12月期の最終損益は11億7300万ドルの赤字と前年（4億8100万ドルの赤字）から赤字幅が拡大した。24年1月には世界の従業員の約15％にあたる450人前後の人員削減をすることが報じられた。

ポールスターの株価は24年3月時点で22年の上場時から10分の1程度にまで下がった。ボルボは資金面での支援をやめ、持ち株の62・7％を、吉利を含むボルボの株主に譲ることを決めた。

ポールスターの躍進と転落――。

これはソニー・ホンダにとって人ごとではない。ホンダにとって課題になりそうなのが、EVの生産体制だからだ。AFEELAはホンダの北米工場で生産する計画だ。ホンダは韓国LGエネルギーソリューションと手掛ける車載電池、電池ケース、完成車という一連の生産網を北米で築こうとしている。これは26年にホンダが投入するEVの生産に向けた動きで、AFEELAも同じ生産工程を使うとみられる。

ソニー・ホンダの川西は「ソニーは自動車メーカーではないので、量産のノウハウはない。ホンダと組んだということが1つの答え」と話す。ホンダの強みは、こうした量産技術や、関連する法規を熟知していることにある。これをEV生産でどれだけ発揮できるか。

ただ、ホンダは中国などでEVの生産を始めているものの、販売台数は少なく、実績を積むのはこれから。車載電池から完成車までのEVの生産網構築はホンダにとっても前例のない挑戦だ。アセットライト戦略は自らコントロールできる部分が少なく、一度「逆回転」を始めるとブレーキをかけるのが難しいのはポールスターの転落が証明済みだ。

ホンダは車載電池など主要部品のコストも握る。この立ち上げでつまずけば、ホンダとソニー・ホンダの両方の生産に影響が出ることになる。

厳しい環境下にあるポールスターは、巻き返し策として米国市場での販売台数の積み上げを狙う。25年後半に韓国・釜山のルノー・コリアの工場に委託する形でポールスター4の生産を始める。これは中国製EVの流入を警戒する米国市場への輸出を視野に入れた動きとも言える。ボルボの米国工場でもポールスター3の生産を計画するなど、米国での販売拡大で業績回復を果たしたい考えだ。

米国市場で直接競うことになるＡＦＥＥＬＡとポールスター。インゲンラートはかつて、海外自動車メディアに対して「ボルボとポールスターは家族だ」と表現した。一方、ホンダ社長の三部敏宏は「ホンダとソニー・ホンダはライバルだ」と語る。ＥＶ市場の競争が激化する中で、互いに刺激し合うことを望む。中国では吉利や上海汽車集団など、自動車会社が他社と協業し、新たなＥＶブランドを立ち上げることは珍しくないが、日本ではまだそうしたブランドは生まれていない。ＡＦＥＥＬＡをその第1号にできるか。ホンダが背負う責任は重い。

川西発言が中国で物議 ソニーとファーウェイのＩＴ力比べ

23年10月、中国製ＥＶに搭載されるＩＴ機能について、ソニー・ホンダの川西の発言が中国で物議を醸した。

「中国のEVメーカーは開発スピードに勢いがあるが、IT利用ではスマホのアイコンを並べているだけで技術的な驚きはない」。川西は日本国内でのAFEELA初披露の場でこう発言した。中国では「中国EVを侮辱した」と受け止められ、記事や動画がインターネット上で拡散された。SNSでは「そんなことを言ってソニーのクルマを見て恥ずかしくならないのか」「それなら日本の新エネルギー車（NEV）の革新技術は何なんだ」といったコメントが寄せられるなど、波紋を呼んだ。

中国では、IT大手と自動車メーカーの協業は既に珍しくなくなっている。その先頭を走るのが華為技術（ファーウェイ）だ。自動車メーカーとNEVブランドを共同運営し、ソフトウエアや部品の開発だけでなく、車両デザインや品質管理、販売網の運営まで幅広く手がける。同社は米政府による輸出規制で主力のスマホ事業が苦戦し始めた19年以降、自動車業界に積極的に打って出るようになった。

「『ティア0』。業界ではファーウェイはこう呼ばれている」（在中の日本車大手幹部）

よく耳にするティア1は完成車メーカーからみた1次取引先で、ティア2はその先の2次取引先を指す。ティア0という言葉は一般的には使われない。この言葉が意味するのは、完成車メーカーと対等に交渉ができる立場にあるということだ。

ソニー・ホンダは中国でのAFEELA投入について、明らかにしていない。当面、ファーウェイの共同開発ブランドと市場で直接競争することは現時点ではなさそうだ。ただ、ソニー・ホンダもファーウェイも、モビリティとITの融合を目指しており、後れをとるわけにはいかない存在だ。

中国では、ファーウェイと中堅自動車メーカーの賽力斯集団（セレス・グループ）とのブランド「AITO（アイト）」が23年9月にモデルチェンジしたSUV「問界M7」の販売が好調だ。24年1月には単月の納車台数が初めて3万台を突破した。同様に、奇瑞汽車とのブランド「LUXEED（ルクシード）」は、23年11月にEVセダン「智界S7」を発表した。24年4月の北京国際自動車ショーでは新ブランド「STELATO（ステラト）」を披露。こちらは北京汽車集団と共同運営する。

アイトが出すSUVの新モデルである「問界M9」は車内での音楽や映画鑑賞など

のエンタメ機能や運転支援機能、車内空間の広さなど、現代の消費者が求めるニーズを全て盛り込んだようなクルマだ。

ワンタッチで車両の天井から32インチのスクリーンを下ろし、後部座席で映画やゲーム、カラオケなどを楽しむことができる。さらに、M9に初めて「ファーウェイサウンド スーペリア」を搭載。車内に備えた25のスピーカーの総出力は2080ワットを超える。録音スタジオに匹敵するような音質を再現したとしている。

車外にも斬新なアイデアを採用した。ヘッドランプにファーウェイの独自システムを使い、精細な照明で夜道などの運転の安全性を高めた。そしてランプ部分には文字や時間、記号を表示できるようにした。無線通信によりシステム更新ができる「オーバー・ジ・エア（OTA）」を使いながら、クルマの使用シーンによって表記する内容を増やせる。

これはAFEELAの「メディアバー」と異なり、単色での表示。だが、ファーウェイの上級取締役で自動車事業トップの余承東は「充電時に終了時間を示すなど使い方は多様だ」と胸を張る。

問界M9のコックピット。木目をあしらった素材も使うなど細部にまでこだわる（24年1月、広東省深圳市）

停止状態から時速100キロメートルに達するまでの加速時間は4・3秒。ファーウェイはM9について、独メルセデス・ベンツグループの最上級車「マイバッハ」や英ロールス・ロイスといった超高級車にも劣らない性能を持つとしている。それでいてEV版のM9の価格は50万9800元（約1050万円）からと、破格の安さだ。

さらにアイトとルクシードは、ファーウェイがスマホ向けで技術を磨いてきたOS「鴻蒙（ホンモン、英語名ハーモニー）OS」を搭載。音声認識機能は6人までの声を別々に認識し、声で指示すれば窓の開け閉めや、停止状態でのエアサスペンションの高さ調整もできる。ファーウェイがクルマ事業への関与を強める中で、同じ異業種として参入するソニー。クルマの基本性能を向上させつつ、いかに差異化要素を加えられるかがポイントになる。

ソニーグループの自動車業界参入の源流にもスマホがある。かつてスマホ事業を率いた現社長COO兼CFOの十時裕樹と川西の2人が「20年代のメガトレンド」を思案する中で、18年に水面下でEVの開発に着手し試作車を発表した。

ソニーがグループとして重視するのが、車内でのエンタメを中心とするサービス基盤の開発だ。資本提携する米ゲーム大手のエピックゲームズだけでなく、中国ネット大手の騰訊控股（テンセント）に次ぐ世界2位のゲームや、世界首位の音楽出版で持つ多様なコンテンツを車内エンタメでの強みとして活用しようとしている。コンテンツ面ではソニーが優位にある。

一方で事業を進めるスピードはファーウェイが圧倒的に速い。同社は10年代に車載通信モジュールなど、クルマの知能化関連で完成車メーカーのサプライヤーとして事業を拡大。19年1月にセレスと協業を始め、21年4月には「セレスSF5」の共同開発モデルを投入した。その後は年1回ほどのペースで新型車投入やモデルチェンジを実施している。

ファーウェイは自動車部品サプライヤーとしてソニーよりもハードを幅広く手掛けている。「ソニーは車両全体となると外注も多くなり、リードタイムでは勝負がしにくい」との指摘もある。日本勢では新車のアイデア立案から実際の納品まで30カ月ほどかかるが、中国勢は18カ月と短いリードタイムでできると言われる。この「チャイナスピード」は脅威だ。

ただ、ファーウェイも安泰ではない。同社の自動車事業の売上高は全体の1割に満たず（22年12月期時点）、赤字が続く。22年末時点の累計投資額は30億ドルにのぼった。23年11月には自動車事業を分離し、新会社を設立すると発表。自動車メーカーから出資を募り、事業を強化する狙いだ。

「（自動車の知能化分野において）私たちのリードは小さくない。リードし続ける」。M9の発表会でファーウェイの余は力を込めた。短期間でティア0と呼ばれるまで上り詰めた企業との差を、ソニーはどこまで縮められるか。

消えた仮想敵「アップルカー」と小米の猛スピード参入

24年2月、米国発のニュースが世界に激震をもたらした。米アップルが自動運転機能付きEV、通称「アップルカー」の開発プロジェクトを中止するというのだ。アップルは公言こそしなかったが、10年代の半ばに自動車プロジェクトに取り組み始めたとされる。「プロジェクト・タイタン」と呼ぶ社内のコードネームとセットで、公然の秘密として語られてきた。

10年代半ばは自動運転がハイプ（過剰な期待）の頂点にあった。米フォード・モーターやBMWは21年にも完全自動運転車を量産すると豪語していたほどだ。だが、それは画餅に終わる。23年にEVが世界の乗用車販売の約1割を占めるようになったのに対し、24年時点で個人向けの完全自動運転車は登場していない。

米カリフォルニア州当局への提出資料によると、アップルの23年の走行距離は72万8619キロメートルと、前の年の3・6倍に伸びていた。その距離は、トップである米アルファベット傘下のウェイモ、2位の米ゼネラル・モーターズ（GM）傘下のGMクルーズ、米アマゾン・ドット・コム傘下のズークスに次ぐ位置に付けた。実験を重ねるごとに自動運転を実用化する難しさを実感していたのかもしれない。

地域を限ったロボタクシーでは、23年夏にようやくウェイモとGMクルーズが有償サービスにこぎ着けていた。利用者によると運転はいずれもスムーズで、このまま順調に広がるかと思われた。しかし落とし穴があった。自動運転の技術ではなく、想定外の事故への対応だ。クルーズは23年10月にサンフランシスコ市で起きた事故の後、負傷者に適切な対応ができなかったほか、当局への情報提供も不十分で、自動運転に不可欠な市民の信頼を損なう結果となった。

24年2月にはウェイモの自動運転車が火を付けられる事件も起きた。法規の対応や社会による受容など、自動運転車が当たり前になるには「技術以外」の問題が依然として山積していることが明確になっている。

報道によると、アップルの開発チームにいた多くの従業員は人工知能（ＡＩ）部門に移り、自動運転開発と共通要素の多い生成ＡＩプロジェクトに携わるという。ｉＰｈｏｎｅで電話を再発明したアップルがどんなクルマを世に出すのか。ファンは期待し、既存の自動車メーカーは戦々恐々としていた。開発中止の報道に胸をなでおろした自動車メーカー関係者も少なくなかったに違いない。

テスラのイーロン・マスクはＸ（旧ツイッター）のポストで敬礼と火のついたタバコの絵文字で反応。その意図は定かではないが、やや上から目線の「おつかれさま、じゃあな」といったところだろうか。

もう1人、アップルカーの開発中止ニュースについて、公に反応した著名な起業家がいた。中国スマホ大手、小米（シャオミ）の創業者でＣＥＯの雷軍だ。中国のＳＮＳ、微博（ウェイボ）に「アップルがクルマをつくるのをやめた後、アップルユーザーが知能的なクルマが欲しいのであれば、（小米の第1弾ＥＶ）『ＳＵ７』はきっと最良の選択だ」と投稿したのだ。

雷は「中国のスティーブ・ジョブズ」と呼ばれ、アップルを強く意識してきた。シャオミは雷のカリスマ性と、低価格でデザイン性の高い商品戦略でスマホではアップルと韓国サムスン電子に次ぐ存在になり、今では総合家電メーカーとしての地位を確立している。

その雷がEVへの参入を宣言したのが21年3月。それから3年後の24年3月28日、そのときが来た。


1003天（日）――。


発表会のスライドに映した4桁の数字は、自身がEV参入を宣言した日からの日数を表し、雷は満足げだった。21年に「3年後にEVをつくる」と発表してから、その約束を守ったとアピールしたのだ。

この日発売したSU7の最大の注目は価格だった。先だって23年末に発表していた車両スペックはテスラのモデル3を上回り、ポルシェ「タイカン」などに匹敵すると

SU7の価格を発表するシャオミCEOの雷軍（24年3月）

していた。発表会前は「30万元を切れるか」「モデル3（24万5900元・当時）をわずかに下回ってくるのでは」との予想が支配的だった。

約3時間に及ぶ発表会の最終盤に雷が発表した標準モデルの価格は21万5900元。モデル3より3万元も安い価格に会場はどよめいた。発表会のライブ映像では招待されていた中国新興EVメーカー、上海蔚来汽車（NIO）CEOの李斌（ウィリアム・リー）の苦笑いがズームアップで映し出された。

この日、広東省広州市内の小米の店舗では、2階に設けた部屋に顧客を集め、発表会のライブ映像を放映。発表会終了時には、希望者がSU7をすぐに試乗できるように準備をしていた。発表会の熱は冷めやらず、その週末にはSU7を一目見ようと小米の店舗の前には行列ができたほどだった。

雷は「将来的にグローバルで（自動車業界の）5位までに入りたい」と力を込めた。雷はかつて「世界のトップ5のブランドが市場の80%を占有する。別の言い方をすれば我々が成功するためにはその5社のうちの1社になり、年間1000万台以上を販売する必要がある。暴力的な競争だ」と述べていた。その戦いの始まりを告げる号砲が鳴ったのだ。

SU7は加速性能の高さを前面に打ち出す。ハイエンドモデルは停止状態から時速100キロメートルまでの到達時間は2・78秒。23年末の発表会では、ポルシェのEV「タイカン　ターボ」やテスラの「モデルS」よりも短い時間で到達できるとアピールした。標準モデルの航続距離は中国独自のCLTCモードで668キロメートル、800ボルトのプラットフォームを採用したハイエンドモデル「MAX」で800キロメートルだ。

SU7はシャオミのOS「澎湃（ハイパー）」を活用し、同社のスマホや家電と連携できる。それによってスマホの操作でクルマの席の角度を変えたり、スマホで調べた目的地までのナビゲーションをそのまま車載ディスプレーに映し利用したりすることができる。

家電との連携では、クルマの中で家のカーテンの開け閉めや、テレビの電源の操作ができる。小米はこれを「人車家全生態」と名付け、人と家とクルマ、その全てが「つながる」世界の実現を目指すとする。伝統的な自動車大手ではできなかった技術やサービスを提供し、既存のEVとの違いを出そうとしているのはAFEELAと同じだ。小米EVの出だしは好調だ。24年4月末までの受注台数は約8万8000台に達した。発売1年目で24年の納車目標の10万台を達成すれば快挙だ。

生産体制も猛スピードで構築している。北京中心部から30キロメートルほど南下した郊外の工場。発表会直前の3月中旬に訪れると、敷地内にはすでにSU7が整然と並んでいた。当時、門や建物には小米の文字は見えなかった。だが、よく見ると建物のグレーの外壁には小米のロゴ「ＭＩ」の看板に、壁と同じ色のカバーがかけられていた。

並んでいたのは販売予定の鮮やかな青色、グレー、緑色の3色のセダン。フロント上部に高性能センサー「ＬｉＤＡＲ（ライダー）」がついているものとついていないものが見分けられた。また工場の敷地内には、「バッテリーショップ」と名付けられた、車載電池に関連するとみられる施設もあった。

小米は車載電池パックの工場のほか、「ギガキャスト」や「ギガプレス」などと呼ばれる車体部品の製造に使う能力9100トンのダイカスト装置も工場に設置するとしている。72個の部品を一体にして成形することが可能だ。レガシーがない分、最新の製造技術を貪欲に取り入れる様子がうかがえる。

同じころ、北京市内の繁華街「王府井」そばのショッピングセンターの1階には小米の店舗が開店するとの予告が出ていた。ほかにも、市中心部から離れた自動車販売店では作業員数人が内装工事を進めていた。この場所はもともと日産自動車が現地企業と展開する「東風日産」の店舗だった。東風日産の店舗を縮小し、そこに小米の店舗が入るという。中国での販売低迷を受け、24年6月に江蘇省の工場を閉鎖するなど苦戦を強いられる日産。店舗の入れ替えは、日中メーカーの優勝劣敗をくっきりと浮かび上がらせていた。

「小米のクルマに全ての実績と名声をかける」。雷は3年前、EV参入を明らかにした新型スマホの発表会でこう宣言した。雷の中国市場での人気は、日本人の想像をはるかに上回る。「雷軍がいなければ、スマホも家電もこんなに安くはならなかった」。雷の印象を聞くと、中国人は口をそろえて答える。

雷はSU7の発売後、北京市の工場で開いた納車式に登場した。SU7を購入した顧客と直接言葉を交わし、写真を撮り、車両のドアを自ら開いて顧客を乗せる——。4月3日に雷の中国版TikTok「抖音（ドウイン）」のアカウントに投稿された動画だ。SU7の発表後は、数日に一度のペースで自身が登場し、SU7に関連した発言をする動画の投稿が続く。4月12日に公開した北京市の工場の屋上に上がって広さをアピールする動画は、6月中旬時点でついた「いいね」が161万にのぼった。

ドウインでは４月単月でフォロワーが４８８万人増え、増加数が登録者の中で首位となった。５月中旬時点でのフォロワーは２０００万人を超える。

雷は圧倒的な認知度を武器に、自らが広告塔となってＳＮＳを駆使して宣伝活動を繰り広げる。雷のＳＮＳでの発信は中国自動車大手も刺激し、これまで堅いイメージを持たれがちだった国有自動車大手企業の幹部らによるＳＮＳアカウントの開設や、エンジン車がメインの民営大手トップらが積極的にライブ放送に登場するようになるといった動きにまで広がっている。

世界のＥＶ勢力図はソニー・ホンダの構想時からの数年で大きく変わった。アップルの脅威は消えた。だが、小米のような異業種の新規参入組が伝統的な業界秩序を壊し始めている。

ソニー・ホンダが22年の設立時に25年にＥＶを発売すると発表したとき「そんな短期間で開発できるはずがない」と自動車業界に嘲笑された。しかし、実際に小米は３年でクルマの販売にまでこぎつけた。中国勢が新車開発にかける時間は36カ月から18

カ月、12カ月とこれまでの常識では捉えられない速さで短縮され、中国市場では日米欧のメーカーを駆逐し始めている。

AFEELAの第1弾を発売する25年には、EVを取り巻く環境はさらに変化しているだろう。デザインや技術の陳腐化を避け、人々を夢中にさせるクルマを提案できるのか。欧米の巨人に、圧倒的なスピードを持つ中国勢。ブルーオーシャンだったEV市場は瞬く間に赤く染まりつつある。

Epilogue

逆風吹き付けるEV
それでも歩を進める

２０２４年7月20日、米ロサンゼルスのドジャースタジアム。メジャー屈指のスーパースターである大谷翔平が登場する試合の開始を待つ中で、スタジアムのフィールドに姿を見せたのがＡＦＥＥＬＡだった。

ソニー・ホンダモビリティがロサンゼルスドジャースとパートナーシップを結んで実現したこのイベント。ソニー・ミュージックエンタテインメントに所属する日本人のヒップホップユニット「Ｃｒｅｅｐｙ Ｎｕｔｓ（クリーピーナッツ）」がＡＦＥＥＬＡから登場し、世界各国で大ヒットした楽曲「Ｂｌｉｎｇ‐Ｂａｎｇ‐Ｂａｎｇ‐Ｂｏｒｎ」などのパフォーマンスで観客を沸かす。ＡＦＥＥＬＡは、売りの１つでもあるフロント部の「メディアバー」に、音楽に合わせた動画を表示した。

25年の受注開始までいよいよ1年となった。翌年春からの納車を予定する北米での販促にも本腰が入る。大谷選手が活躍するこのスタジアムで、いま日本発の世界ヒットを飛ばすＣｒｅｅｐｙ Ｎｕｔｓのパフォーマンスという後押しを受け、ＡＦＥＥＬＡも日本発の電気自動車（ＥＶ）としてヒットで続けと言うべき内容だった。

24年7月、米ロサンゼルスのドジャースタジアムで人気ヒップホップユニットCreepy Nutsを招いてAFEELAのイベントを開催（写真＝共同通信）

ソニー・ホンダが主戦場と位置づける米国。そこには比亜迪（ＢＹＤ）などの中国製ＥＶはほとんど入ってきていない。だが、ソニー・ホンダ会長兼最高経営責任者（ＣＥＯ）の水野泰秀は「中国勢はいつか必ず米国に入ってくる」と予想する。中国製ＥＶがいない間に市場で支持を広げ、米テスラに次ぐポジションを押さえるのが基本戦略だ。取締役専務の岡部宏二郎も「それは大きなゲームチェンジになるだろう」と身構える。

発売までのカウントダウンが始まる一方、ＥＶを取り巻く環境には大きな変革の波が押し寄せている。23年6月には米国で新興EVメーカーのローズタウン・モーターズが経営破綻し、24年6月にはフィスカーも破綻に追い込まれた。同社はリヴィアン・オートモーティブやルーシッド・グループと並ぶ米国EVスタートアップの「3強」と有力視されていた。テスラも世界で安価な中国製EVとの価格競争が激しくなり、収益が低下。時価総額はピークだった21年終盤に1兆ドルを超えたが、24年9月時点では4割ほど下落している。

それでも水野は「一時的に逆風が吹いている状況だが、長い目で見ればEV（の時代）は来る」と見ており、AFEELAの投入計画は変わらない点を強調する。

ソニー・ホンダの設立前後で最も変化した人物ともっぱらの評判なのが水野だ。ホンダ時代は営業系だったこともあり、スーツにネクタイを合わせてばっちり着こなし、部下にも「身なりを整えろ」と命じる立場だった。それが今ではTシャツとジャケットのコーディネートが当たり前で、Tシャツ姿でモーターショーの会場を歩くこともある。「我々は新しい価値観をつくるのだから。水野さんも服装からモビリティ・テックカンパニーを感じられるようにしてほしい。それがブランドになります」。ソニー・ホンダの立ち上げの中心となったソニー出身のデザイナー、鞍田享にたしなめられたことがきっかけだ。

もちろん、変わったのは水野の服装だけではない。ソニーとホンダからの精鋭だけでなく、仲間として新たに異業種から加わったメンバーや、「開国後」に広げた協業のネットワーク。様々な組織や個人が融合し、掛け合わさることで積は大きくなっていく。


自動車産業は裾野が広く、経済に与える影響が他の産業に比べても格段に大きい。国益にもしばしば直結するため、時に政争の具になり、一企業でなせる範疇を超えた対応を迫られることもある。

EVを巡る各国の綱引きも強まっている。中国は23年12月、EV電池の主要材料となる黒鉛の輸出を許可制に変えた。米国も24年5月に中国製のEVなどに最大100%の制裁関税を課すと発表すると、欧州連合（EU）の欧州委員会は11月から中国製EVの輸入に最大で35・3%の追加関税を課すと決めた。その後も中国製EVの関税

EVや半導体など中国からの輸入品に対する関税引き上げを発表したジョー・バイデン大統領（写真＝Win McNamee/Getty Images）

をめぐり、中国政府とＥＵ各国との駆け引きが続く。

24年秋には米大統領選挙が実施され、25年からは新たなリーダーが米国を率いることになる。どんな結果になろうと地政学や外交上の問題が、生まれたばかりのソニー・ホンダの戦略に影響する可能性がある。

それでもソニー・ホンダはＡＦＥＥＬＡ発売に向けて進み続ける。24年1月から独自の中途採用を開始し、25年には新卒採用の社員が入ってくる。設立当初に２００人だった陣容は、２０２４年５月時点では300人を超えた。

門をたたく人材の面接には社長兼最高執行責任者（COO）の川西が直接臨む。そこでは、必ず聞くことがある。

「あなたにはベンチャーマインドはあるか」

様々な人に興味を持ってもらえることはありがたいだろう。ただ、ソニー・ホンダは多様な知で革新を追求する会社だ。ソニーとホンダの親会社の知名度から安定志向の大企業意識で入社されても困る。こうしてEVに逆風が吹き出している時期ならなおさらだ。

川西は面接に訪れた応募者にベンチャー精神を見いだせるか、適性を厳しく見極めている。

あるソニー・ホンダの社員もこう語る。「もうここまで来てしまった。今さら後戻りはできない。不安感がないと言えばウソになるが、その不安感を楽しみながら皆で未来へ走っている」

おわりに

2022年3月4日午後3時。ソニーグループとホンダが「モビリティ分野における戦略的提携」に向けて基本合意したとの一報が入ったときのことは今も鮮明に覚えているし、これからも忘れないだろう。過去に自動車業界の担当をしていた記者としての驚きもあったが、衝撃を受けた理由はほかにもある。

今でこそ日本経済新聞の記者として日々企業取材を続けているが、私の社会人の振り出しは、ある自動車メーカーから始まっている。希望したマスコミ業界には新卒時に入れなかったために選んだ道ではあるものの、自動車メーカーの購買部門で数年勤務した経験を持つ。

「二人三脚より一人で走った方が速い」。創業者・本田宗一郎の言葉が残るように、ホンダは他の自動車メーカーとの資本提携は一切せず、独創性の高い商品を自らの手でつくりだすことにこだわりを持つ企業として知られる。私が自動車メーカーで働いていた当時、並み居る競合の中でもホンダに対しては敬意や憧れとともに、どんな商品を出してくるのか怖さを感じていた。そんな「孤高の存在」と認識していたからこそ、ソニーとホンダのタッグは業界経験者の目にも新鮮に映った。

日経新聞に転職後、記者としてホンダを担当した時期もある。私が自動車業界を取材していた17~19年は、ホンダでも外部との協業の「タブー視」が消え、米ゼネラル・モーターズ（GM）と電気自動車（EV）や自動運転で提携する動きが出ていた。ソフトバンクと5G技術の共同研究を進めるなど、「開国」の道筋は広がりつつあった。ただ、ソニーとホンダがEVという新領域に、手を取り合って参入するということが現実に起こるとは思っていなかった。

電撃発表直後の4月から電機業界を取材するチームの一員としてソニーを担当することになった。ソニーとホンダの両企業を知るチャンスを得たことはうれしく「こんな面白いときの担当なんていいですね」と周囲からのエールもあった。

その一方で心の中にはどこかモヤモヤした感覚があった。

戦後日本の製造業は自動車と電機が2本柱として輸出をけん引し、世界をリードしてきた。電機では08年に起きたリーマン・ショック前後に韓国勢や中国勢が台頭。日本勢は過度な技術信仰や過去の成功体験から抜けきれず、トップダウンによる意思決定の下でマーケティングを重視し、国の支援も受けた巨額投資と物量で攻めてくるアジア勢にはかなわなかった。電機で今でも日本勢が世界シェアの上位を占めるのは、キヤノンが首位のデジタルカメラや、ソニーがトップを押さえるCMOS画像センサーなどわずかしかない。

幸いにも自動車はまだ国際的な競争力を有していると言える。だが、次世代車の柱となる技術である「CASE＝コネクテッド（インターネットにつながる車）、オートノマス（自動運転）、シェアリング（共有）、エレクトリック（電動化）」革命以来、業界の構図は一変。中国勢や新興勢の攻勢にさらされるようになった。中国や東南アジアなどで日本車はじりじりとシェアを落とし、今では「撤退」や「工場閉鎖」など後ろ向きな話題が多い状態だ。

「ソニーとホンダ、奇跡のタッグ」「和製テスラ、EVで反攻」。厳しい環境下ではあるものの、ソニーとホンダの合意を受けメディアにあふれた見出しは両社の提携に対する期待の大きさを表していた。国際競争力が低下して自信をなくす中で、日本を代表する2大ブランドの提携は多くの日本人にとって「希望となる何か」だったのかもしれない。ただ、そんな熱気も、私はどこか冷めた目で見ていたのだ。

日本企業同士の提携は失敗の歴史でもある。日立製作所とNECのDRAM事業が統合したエルピーダメモリ。ソニーと東芝、日立の液晶ディスプレイ事業を統合したジャパンディスプレイ。三菱重工業と日立の火力発電事業を統合した三菱日立パワーシステムズ……。「日本の技術力を結集」を旗印に、大きな期待と共に華々しく船出したにもかかわらず、うまくいかなかったケースがほとんどだからだ。同質性や組織の調和を重視する日本の企業カルチャーの中では、外部との連携が逆に調整ごとを増やし、リーダーシップが欠如する原因にもなりかねない。だからこそ、ソニーとホンダの提携についても最初は半信半疑だった。

22年当時、世界はEVシフトの真っ最中で米テスラの時価総額はトヨタ自動車の5

倍に達し、独フォルクスワーゲンやGMなど主要プレイヤーも「脱エンジン」を宣言。世界が一斉にEV化へ歩を進めていた時期だった。ソニーとホンダが折半出資する新会社がEVを発売するのは3年後の2025年。その時はもうEVの勝負は既についていないか。出資比率が50対50の折半出資は責任の所在やリーダーシップが発揮しづらく、最も運営が難しい形態とされる。海外勢に負けないスピード感が求められる場面で機能するのか。「昭和のノスタルジー」だけでは、先行するテスラや海外勢には追いつけない。それがソニーとホンダの提携に対する正直な感想だった。

その私の見方は、2年間にわたるソニー・ホンダモビリティの取材を通じて一変した。

ターニングポイントは22年10月の会社設立会見だった。水野泰秀会長兼最高経営責任者（CEO）は「既成概念を覆す。既存の自動車メーカーとは全く違う新しい姿をつくる」と語り、川西泉社長兼最高執行責任者（COO）も「自動車産業はステークホルダーとの関係を見直す時期に来ている。私たちはオープンで対等な関係を築く」と力強く述べた。その2人の言葉が妙に胸に響いた。現実を直視しながらも悲観はなく、過去への回顧もせず、ただ前にある未来だけを向いていた。新たな動きが起きるかも知れない。気づけば、私の心にも火がついていた。

異業種同士で互いのバックグラウンドも話す言葉も文化も違えば、これまでに多くの葛藤や悩み、対立があっただろう。それでも取材で出会ったソニー・ホンダの社員の一人ひとりは、ソニー出身なのか、それともホンダ出身なのか、はたまた両社以外の出身なのかは一目見ただけでは分からなかった。それほど1つのパーパス（存在意義）の下に異なる属性の人材が一体化していた。

本書は、ソニーグループやホンダの広報部、そしてソニー・ホンダのコーポレートコミュニケーション課をはじめ数多くの関係者のご協力があって出来上がった。貴重な時間を割いてくれた皆様のご厚情に改めて感謝したい。

日経モビリティの深尾幸生編集長や中尾良平デスク、小泉裕之デスクは通常の取材時のアドバイスや編集に加えて、今回の書籍化でも常に私たちに寄り添い支援をしてくれた。カメラマンの中尾悠希氏や中岡詩保子氏もいつも取材に同行してソニー・ホンダモビリティの数々の場面を写真として残してくれた。書籍化に当たって編集を担当してくれた日経ビジネス・クロスメディア編集長の白壁達久氏にも、この場を借りて感謝したい。日本経済新聞でソニーとホンダを現在担当する佐藤諒氏、沖永翔也氏にも協力いただいた。そして誰よりも、ソニー・ホンダの変身を一緒に追い続け、共に筆を執ってくれた共著者の田辺静氏の存在なくして、この本は完成しなかった。深く感謝申し上げたい。

日本の「失われた30年」の根底にある問題は、日本人の同質性にあると感じている。同質性は与えられた目標に対して一丸となってまとまり、時として大きな力を発揮することもある。一方で誰かの意見に対しての「異見」もなく、他者に対する奢りや偏見を生み変化に対して臆病となる。その結果イノベーションに気付かず競争力までも失ってしまう。

08年の春、私が自動車メーカーで働いていた当時は中国車を「日本車のパクリ」として半ば職場で嘲笑するような雰囲気すらあった。今やその中国が自動車の生産や販売のみならず技術でも日本はおろか世界をリードしている。

「多様な知で革新を追求し、人を動かす。」

ソニー・ホンダモビリティはパーパスでそう記すように多様性を企業の根幹と位置づけている。いまやソニーとホンダ出身者以外にも通信やインターネット、エンターテインメントなど様々なバックグラウンドを持った人間が結集し、より大きな化学変化を生み出そうとしている。

多様性があるからこそ、知らない人や知らない世界から謙虚に学び続けられる。その結果が個人や企業の成長にもつながるはずだ。日本で最も新しいこのモビリティ会社「ソニー・ホンダモビリティ」の挑戦からは、日本のモノづくりや、日本そのものの再成長シナリオが見えてくる。私はそれを信じて、今後も追い続けたい。

古川　慶一

古川 慶一 ふるかわけいいち

日本経済新聞記者

1985年、川崎市生まれ。2007年に早稲田大学政治経済学部卒業後、三菱自動車工業に入社。購買部門で購買戦略の立案・企画や自動車部品の調達を担当。11年日本経済新聞社に入社後、一貫して企業取材を担当。自動車や電機、素材などの製造業のほか、小売・アパレルなどの流通分野も担当した。22年からソニー担当。24年4月からは空運・海運業界を中心に取材している。

田辺 静 たなべしずか

日本経済新聞記者

1993年、横浜市生まれ。2016年に早稲田大学国際教養学部卒業後、日本経済新聞社入社。大阪社会部、大阪経済部を経て証券部で外食や自動車、総合商社の財務や株式の取材を担当。21年4月からビジネス報道ユニットの自動車チームに所属。SUBARUや商用車、22年4月からホンダを担当。23年10月から中国・広州支局に赴任。主に中国の自動車業界をカバーし、完成車メーカーや電池メーカーを取材する。

ソニー × ホンダ
革新を背負う者たち

2024年11月11日　　初版第1刷発行

著　者　古川 慶一　田辺 静
編　者　NIKKEI Mobility
発行者　松井 健
発　行　株式会社日経BP
発　売　株式会社日経BPマーケティング
〒105-8308　東京都港区虎ノ門4-3-12
カバー・章扉写真　ソニー・ホンダモビリティ
編　集　白壁 達久
ブックデザイン　中川 英祐（トリプルライン）
校　正　株式会社聚珍社
印刷・製本　TOPPANクロレ株式会社

ISBN 978-4-296-20565-3　Printed in Japan　